中国腐蚀与防护学会
著作出版基金

金属腐蚀与防护
简明读本

林玉珍　编著

U0300932

化学工业出版社
·北京·

《金属腐蚀与防护简明读本》采用深入浅出、通俗易懂的语言，结合图解说明的形式，阐明了金属腐蚀的基本理论和应用。全书包括基础知识、腐蚀问题解析和腐蚀控制三篇，阐述了为什么会发生腐蚀、金属电化学腐蚀倾向的判断、电极电位的测量、常见的局部腐蚀形态、金属在自然条件下的腐蚀、合理的防腐蚀设计等知识。

本书可作为腐蚀与防护领域的工程技术人员、相关专业高校师生的参考书。

图书在版编目（CIP）数据

金属腐蚀与防护简明读本/林玉珍编著. —北京：
化学工业出版社，2019.1（2023.9 重印）
ISBN 978-7-122-33296-7

Ⅰ.①金 … Ⅱ.①林 … Ⅲ.①金属-防腐 Ⅳ.
①TG174

中国版本图书馆 CIP 数据核字（2018）第 258407 号

责任编辑：韩亚南　段志兵　　　　　　　　　装帧设计：史利平
责任校对：宋　玮

出版发行：化学工业出版社（北京市东城区青年湖南街13号　邮政编码100011）
印　　装：涿州市般润文化传播有限公司
710mm×1000mm　1/16　印张12¼　字数233千字　2023年9月北京第1版第4次印刷

购书咨询：010-64518888　　售后服务：010-64518899
网　　址：http://www.cip.com.cn
凡购买本书，如有缺损质量问题，本社销售中心负责调换。

定　　价：59.00元

前言
Preface

　　腐蚀是材料受环境作用而发生的破坏或变质。工程上，腐蚀的直接结果是影响安全生产，大大缩短材料的服役寿命。设备一旦腐蚀，轻者跑冒滴漏，重者引发爆炸、火灾，严重威胁人身安全，导致灾难性事故。因此，腐蚀不但造成原材料的大量消耗、资源的浪费，而且使环境污染，会直接导致水土资源紧缺；更重要的是，腐蚀将大大限制新技术、新工程的实现。

　　虽然我国的腐蚀科学与技术已经取得了长足的进步，改革开放以来，市场经济又为与腐蚀相关的产业发展注入了更强的活力，但由于腐蚀涉及国民经济的各个方面，从日常生活到工农业生产，从国防工业到尖端科学，它无所不及，无孔不入。而腐蚀及其控制又跨行业、跨部门，既带有共性又是多学科交叉的新领域。只因腐蚀是静悄悄地在进行破坏，常不被人们注意，至今，并未得到应有的重视和发展。

　　腐蚀好比是材料和设备在"患病"，严重的局部腐蚀犹如"癌症"；腐蚀与防护工作者就是设备的"大夫"，为建设资源节约型、与环境友好型的社会，为实施可持续发展的战略保驾护航。我们要像关注医学、环境保护和减灾一样关注腐蚀问题。

　　本书从专业的角度，采用深入浅出通俗易懂的语言，结合图示和曲线，阐明金属腐蚀的基本理论和应用。希望关心、支持、从事腐蚀与防护工作的人们，通过此书真真切切意识到腐蚀的存在，进而能正确认识腐蚀问题，从而激发学习的热情，努力提高腐蚀与防护的知识水平，勇于开拓创新，为实现伟大的中国梦而努力奋斗。

　　由于作者水平所限，书中疏漏和不妥之处在所难免，敬请批评指正。

编著者

目 录
Contents

基础知识篇

腐蚀问题解析篇

腐蚀控制篇

基础知识篇

腐蚀是自然界中的一种自发倾向
它吞噬地球资源和社会财富巨大

① 腐蚀的代价

腐蚀是对资源的极大浪费，防护是最经济、有效的节约措施。

1.1 几件最惨重的事故

切尔诺贝利核电站核泄漏事故（1986年4月26日，图1-1）

图1-1 核电站爆炸后现场

这是目前史上损失最为惨重的事故，损失达2000亿美元。其中1700万人被直接暴露至核辐射之下，有关的死亡人数，包括数年后死于癌症者约有12.5万人，乌克兰领土的50%被不同程度污染。

原因：可能是连接头设计不当，引发摩擦磨损腐蚀。

美国航天飞机升空爆炸（1986年，图1-2）

"挑战者"航天飞机升空73s后空中爆炸解体，机上7名航天员全部遇难，损失55亿美元。

原因：燃料箱对接用的O形橡胶密封圈不耐当时环境的过低温度，橡胶圈脆化、失去韧性，引发爆炸。

左：刚起飞时的燃料箱(箱下侧)　　右：空中爆炸解体

图1-2　"挑战者"空中爆炸

帕尔珀·阿尔法石油钻塔事故（1988年7月6日，图1-3）

　　这里一度是全球最大的离岸石油生产钻塔，每天可产原油31万7千桶。一次正常维修中，技术人员忘记更换其中一个安全阀（是用来阻止液态天然气囤积、防止产生危害的关键装置）。后来当启动液态天然气泵时，引发了爆炸。在2h之内，300个工作平台都被火海吞噬，最终坍塌，167名工人遇难。损失55亿美元。

　　原因：原安全阀因摩擦磨损腐蚀而失效。

图1-3　帕尔珀·阿尔法石油钻塔爆炸起火

日本福岛核电站爆炸（2011年3月11日，图1-4）

　　福岛第一核电站一号机组已建成40年，各种设备管道都已腐蚀和老化，极易出现问题。当发生9.0级地震，接着又是破坏性巨大的海啸，随之引发了核电站爆炸。至今已过去多年，隔离区的辐射强度依然很高，人进入该区几十秒就会致死，如今像座"死城"。

　　原因：地震引发和设备腐蚀。

图1-4　日本福岛核电站爆炸现场

青岛输油管线泄漏引发爆炸（2013年11月22日，图1-5）

图1-5　青岛油管爆炸现场

图1-5是2013年11月24日位于青岛经济技术开发区秦皇岛路与齐堂岛街交会处的事故现场（新华社记者李紫恒摄）。

输油管线与市政排水暗渠交汇处管道腐蚀减薄，管道破裂，原油漏入排水暗渠，在形成密闭空间的暗渠内，原油及其混合气体蔓延、扩散并积聚，最后遇火花发生了大范围连续爆炸，死62人，伤136人。直接损失7.52亿元。

原因：输油管线腐蚀穿漏。

重要启示

腐蚀重大事故的造成，不是一个简单的问题，而是贯穿于选材、设计、制造、使用、维护维修和管理的系统工程问题。其中任何一个环节的疏忽或失职，均可引发灾难性事故，会使材料和设备失去使用的可靠性和耐久性，从而大大缩短服役寿命。

1.2 腐蚀造成的经济损失

腐蚀的直接损失（图1-6）

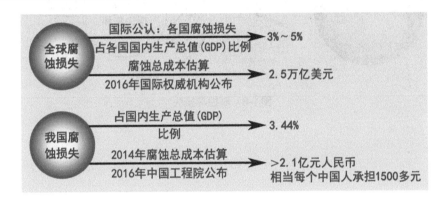

图1-6 腐蚀的直接损失

世界上每年因腐蚀报废的钢铁设备、构件约占钢铁总生产量的30%，如果其中的2/3能回收再生，则仍有约10%的钢铁总产量因腐蚀而永远流失，一去不复返（图1-7）。

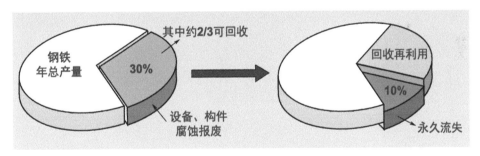

图1-7 材料腐蚀的直接损失的构成

腐蚀的间接损失

要知道金属设备、构件的价值远远超过材料本身的价值，加之因腐蚀造成生产停顿、环境污染、突发事故以及各种影响，使腐蚀引起的间接损失巨大，有时难以估计。

腐蚀总损失

据调查统计，世界上因腐蚀造成的经济总损失要比自然灾害（地震、风灾、水灾、火灾等）的损失总和大得多（图1-8）。

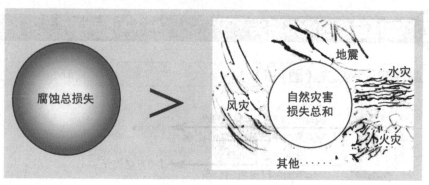

图1-8　腐蚀总损失

2 为什么会发生腐蚀

金属腐蚀是自然界中的一种客观规律。

2.1 什么是腐蚀

广义地说，材料（包括金属和非金属）在周围环境介质的作用下产生的破坏或失效都是腐蚀。目前工程上使用最多的材料仍然是金属。因此，金属的腐蚀最为重要，是本书讨论的主要内容。

■ 腐蚀是自然界的一种自发倾向

$$\text{金属（不稳定态）} \underset{\text{冶金过程}}{\overset{\text{腐蚀过程}}{\rightleftharpoons}} \text{矿物（化合物）（稳定态）}$$

自然界中除金、铂之外，其他金属都是以化合物状态存在的。人们为了得到纯金属，需要消耗大量的能量从矿物中去提炼（冶金过程）。因此，这些纯金属（处在不稳定状态）都会自发地与周围介质发生作用而形成化合物，即回复到它的自然存在的稳定状态（矿物），这就是腐蚀过程。

可说腐蚀是冶金过程的逆过程。

■ 金属的腐蚀

$$\text{金属/介质} \underset{\text{或物理溶解}}{\overset{\text{化学、电化学作用}}{\longrightarrow}} \text{破坏或变质}$$

纯机械作用，如磨削、撕裂、压碎等不属于腐蚀范围。

2.2 腐蚀发生的原因

■ 腐蚀的化学本质

$$\text{M} \underset{\text{还原过程}}{\overset{\text{氧化过程}}{\rightleftharpoons}} \text{M}^{n+} + n\text{e}$$

◉ 腐蚀是金属元素M失去电子被氧化形成氧化物M^{n+}的过程（氧化反应）。

◉ 如果释放出来的电子，没有物质去吸收、消耗以进行还原反应，则腐蚀也不可能继续进行下去。

腐蚀发生的根本原因

要使腐蚀持续发生，环境介质中必须有吸收、消耗电子的物质（氧化剂）存在。众所周知，在自然条件下，常有氧（O_2）的存在，它是最容易吸收、消耗电子的物质，这就决定了自然界中腐蚀存在的普遍性。

特 别 注 意

◉ 腐蚀是一客观规律，但它又是可控的。

◉ 防腐蚀并不是去改变客观规律，而是要了解腐蚀的步骤和细节，利用科学知识，控制腐蚀从而将其限制在工程上允许的程度。

2.3 腐蚀控制的途径

实践已经表明，利用腐蚀科学知识和现代防腐蚀技术，腐蚀的经济损失可降低约1/3。

腐蚀现象和机理比较复杂，影响因素众多。但只要在腐蚀发生、发展和进行过程的各个步骤和环节上设置障碍，对腐蚀速度的降低均有效。因此，腐蚀的控制途径是多方面的。

◉ **正确选材**

包括金属材料和非金属材料。

◉ **合理的防护设计**

包括设备结构设计（整体的和局部的）和工艺过程的设计。

◉ **介质处理**

包括去除有腐蚀危害的成分（如去氧、湿，改变pH值等）或添加缓蚀剂。

◉ **电化学保护**

改变金属表面的电化学状态，包括阴极保护和阳极保护。

◉ **表面覆盖层**

将耐腐蚀材料用涂、镀、喷、渗、衬各种施工方法，覆盖在易被腐蚀的材料表面。另外还有表面氧化和磷化。

● 科学的防腐蚀管理

对防腐蚀设计、施工、运行维护、操作、记录、档案的统一管理，亦是腐蚀控制是否良好的关键因素。

重要启示

● 工程上具体选择防腐蚀方案时，应综合考虑并遵循："科学、合理、经济、可行"的原则。

● 要特别注意：一种防腐蚀方法并不是万能的，它不能解决所有的腐蚀问题。一个腐蚀问题也不只限于用一种方法来解决，往往用两种或两种以上的措施联合防腐蚀能获得最佳的效果。

金属在电解质溶液中的状态

金属电极与溶液接触，就形成了新的界面，两相中的游离电荷必然要在此界面重新分布而产生双电层。双电层的电位差称为"电极电位"。

3.1 电极电位——金属在电解质溶液中状态的表征

电极系统与电极反应

- 在腐蚀学科的研究中，往往将金属（电子导体相）与电解质溶液（离子导体相）这两种不同导体相组成的体系称为电极系统，以金属/电解质溶液表示，它不只是指电子导体材料。

- 通常把电极系统中电子导体相与它相接触的离子导体相之间的界面称为"电极表面"。

- 如果在电极系统的两相之间伴有电荷转移，则不可避免地同时会在两相间的界面上发生物质变化——由一种物质变为另一种物质即化学变化。把这种在两相界面上发生的化学反应称为"电极反应"。例如：

  ❶ **锌电极**（$Zn/ZnSO_4$）

  一个锌棒浸在硫酸锌溶液中组成的电极系统中，电子导体相是金属锌，离子导体相是$ZnSO_4$溶液。当两相之间发生电荷转移时，在两相界面上即在与溶液接触的锌表面上同时会发生如下的物质变化。

  $$Zn_{(金属)} \rightleftharpoons Zn^{2+}_{(溶液)} + 2e_{(金属)}$$

  式中右下角括号中标注的是该物质所存在的相，e表示电子。在这个电极系统中，金属由于本身参加了反应，故又称金属电极，见图3-1（a）。

  ❷ **氢电极**（Pt，H_2/HCl）

  一块镀铂黑的铂片浸在H_2气体下的HCl溶液中组成电极系统［见图3-1（b）］，系统中电子导体相是铂（Pt），而离子导体相是HCl水溶液。两相界面上有电荷转移时发生着如下的电极反应。

  $$\frac{1}{2}H_{2(气体)} \rightleftharpoons H^+_{(溶液)} + e_{(金属)}$$

  在这个电极系统中有气体成分，故该电极又可称为气体电极。

  任何一个电极反应都是氧化还原反应，如：

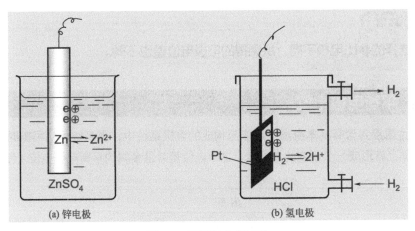

图3-1　不同的电极系统

$$M^{n+} + ne \underset{\overleftarrow{i_a}}{\overset{\overrightarrow{i_k}}{\rightleftharpoons}} M$$

通常，失去电子而本身被氧化的反应称为氧化反应（亦称阳极反应）；夺取电子而本身被还原的反应称为还原反应（亦称阴极反应）。根据法拉第定律，电极反应的速度可用电流密度来表示。式中的 $\overrightarrow{i_k}$ 和 $\overleftarrow{i_a}$ 分别称阴极反应和阳极反应的电流密度。

电极电位及其测量

- 在电极系统中，随着电荷的转移，两相界面之间会产生双电层，双电层的电位差是金属与电解质溶液之间的电位差，这个电位差称为电极电位。
- 值得注意的是：这种单电极系统的电位，荷电的一侧为金属，另一侧是溶液，故其绝对的电极电位值是无法直接测得的。
- 通常说的电极电位，是一个相对的物理量。它是被研究的电极系统（如Zn/ZnSO₄）以另一个具有恒定电位值的单电极系统（如氢电极系统）作为基准（参比电极），与之组成原电池（见图3-2），测出原电池的电动势，从而获得待测电极（Zn/ZnSO₄）相对于氢电极的电极电位，用E表示。

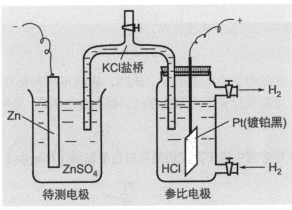

图3-2　测定电极电位的示意图

特别注意

选择的参比电极不同，所测得的电极电位值也不同。

3.2 平衡电极电位 E_e

在金属浸入含有其本身离子溶液而构成的电极系统中，当系统达到平衡时，金属/溶液界面上就形成一个不变的电位差，这个电位差就是金属的平衡电极电位（图3-3）。

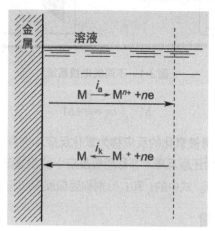

图3-3 平衡电极电位的建立

平衡电极电位的特点

● 电极上只有一对电极反应

其反应式为：

$$[M^{n+} \cdot ne] \underset{\overleftarrow{i_k}}{\overset{\overrightarrow{i_a}}{\rightleftharpoons}} M^{n+} + ne$$

● 电荷与金属离子在上式中的正、逆过程的迁移速度相等

亦即阴极反应速度和阳极反应速度相等，即

$$\overrightarrow{i_k} = \overleftarrow{i_a} = i^0$$

i^0 称为该电极反应的交换电流密度。此时，表明电荷和物质交换都达到了平衡。任何一个电极反应处于平衡状态时，都有自己的 i^0，它是电极反应一个主要的动力学参数。

● 平衡电极电位与溶液中离子活度的关系符合能斯特（Nernst）公式

$$E_{e,\,M} = E_{e,M}^0 + \frac{RT}{nF} \ln a_{M^{n+}}$$

式中，$E_{e, M}$为金属的平衡电极电位，V；E_{eM}^0为金属在标准状态下的平衡电位，V；R为气体常数，8.31J/(mol·K)；T为热力学温度，K；n为平衡电极反应中金属离子的价数；F为法拉第常数，96500C；$a_{M^{n+}}$为M^{n+}的活度，mol/L。

所谓标准状态是指温度为25℃（298K）、气压为1.01325Pa（1atm）、离子活度为1mol/L时的状态。如反应物是气体，反应物的活度用逸度代替。

● 平衡电位下的金属不发生腐蚀

当电极处于平衡状态时，虽然在两相界面上微观的物质交换和电量交换仍在进行，但此时正、逆反应速度相等，故电极系统不会出现宏观的物质变化，没有净反应发生，也没有净电流出现，即既没有电流从外线路流入电极系统，也没有电流自电极向外线路流出。所以当金属与含有其本身离子的溶液组成的电极系统处于平衡状态时，金属是不会腐蚀的。

电极反应的标准电极电位

下面列出电极反应对标准氢电极的标准电极电位（亦称电动序，表3-1、表3-2）。

表3-1 金属在25℃时的标准电极电位（电动序）

电极反应（单位活度）	电极电位E_e^0(S.H.E)/V
Li $\rightleftharpoons$ Li+e	−3.045
K $\rightleftharpoons$ K$^+$+e	−2.925
Na $\rightleftharpoons$ Na$^+$+e	−2.714
Mg $\rightleftharpoons$ Mg^{2+}+2e	−2.37
Co $\rightleftharpoons$ Co^{2+}+2e	−0.277
Ni $\rightleftharpoons$ Ni^{2+}+2e	−0.250
Sn $\rightleftharpoons$ Sn^{2+}+2e	−0.136
Pb $\rightleftharpoons$ Pb^{2+}+2e	−0.126
H$_2$ $\rightleftharpoons$ 2H$^+$+2e	0.000
Al $\rightleftharpoons$ Al^{3+}+3e	−1.66
Ti $\rightleftharpoons$ Ti^{2+}+2e	−1.63
Zn $\rightleftharpoons$ Zn^{2+}+2e	−0.762
Cr $\rightleftharpoons$ Cr^{3+}+3e	−0.74
Fe $\rightleftharpoons$ Fe^{2+}+2e	−0.440
Cd $\rightleftharpoons$ Cd^{2+}+2e	−0.402
Cu $\rightleftharpoons$ Cu^{2+}+2e	+0.337

续表

电极反应（单位活度）	电极电位 E_e°（S.H.E）/V
$Hg \rightleftharpoons Hg^{2+} + 2e$	+0.789
$Ag \rightleftharpoons Ag^{+} + e$	+0.799
$Pd \rightleftharpoons Pd^{2+} + 2e$	+0.987
$Pt \rightleftharpoons Pt^{2+} + 2e$	+1.19
$Au \rightleftharpoons Au^{3+} + 3e$	+1.50

表3-2　不同介质中电极反应的标准电极电位

电极反应	电极电位 E_e°（S.H.E）/V
中性介质（pH=7）	
$Al + 3OH^- \rightleftharpoons Al(OH)_3 + 3e$	−1.94
$Ti + 4OH^- \rightleftharpoons TiO_2 + 2H_2O + 4e$	−1.27
$Fe + S^{2-} \rightleftharpoons FeS + 2e$	−1.00
$Cr + 3OH^- \rightleftharpoons Cr(OH)_3 + 3e$	−0.886
$Zn + 2OH^- \rightleftharpoons Zn(OH)_2 + 2e$	−0.83
$Fe + 2OH^- \rightleftharpoons Fe(OH)_2 + 2e$	−0.463
$H_2 + 2OH^- \rightleftharpoons 2H^+ + H_2O + 2e$	−0.414
$3FeO + 2OH^- \rightleftharpoons Fe_3O_4 + H_2O + 2e$	−0.315
$Fe(OH)_2 + OH^- \rightleftharpoons Fe(OH)_3 + e$	−0.146
$Cu + 2OH^- \rightleftharpoons CuO + H_2O + 2e$	+0.056
$Ag + Cl^- \rightleftharpoons AgCl + e$	+0.22
$2Hg + 2Cl^- \rightleftharpoons Hg_2Cl_2 + 2e$	+0.27
$2OH^- \rightleftharpoons O_2 + 2H^+ + 4e$	+0.815
$2Cl^- \rightleftharpoons Cl_2 + 2e$	+1.36
酸性介质（pH=0）	
$H_2 \rightleftharpoons 2H^+ + 2e$	0.000
$Fe^{2+} \rightleftharpoons Fe^{3+} + e$	+0.771
$2H_2O \rightleftharpoons O_2 + 4H^+ + 4e$	+1.229
$2Cr^{3+} + 7H_2O \rightleftharpoons Cr_2O_7^{2-} + 14H^+ + 6e$	+1.33
$Pb^{2+} + 2H_2O \rightleftharpoons PbO_2 + 4H^+ + 2e$	+1.455
碱性介质（pH=14）	
$Al + 4OH^- \rightleftharpoons H_2AlO_3^- + H_2O + 3e$	−2.35
$H_2 + 2OH^- \rightleftharpoons 2H_2O + 2e$	−0.828
$Fe + CO_3^{2-} \rightleftharpoons FeCO_3 + 2e$	−0.756
$4OH^- \rightleftharpoons O_2 + 2H_2O + 4e$	+0.401

3.3 非平衡电极电位

在腐蚀体系中，金属材料不可能都是放在含其本身离子的溶液中，而往往是放在其他电解质溶液中。此时，当系统稳定时，金属/溶液界面上也能建立起一个相对稳定的电位差，这个差值可称为金属的非平衡电极电位。例如铁放入稀酸中的情况，其稳定电位建立的示意见图3-4，其特点如下。

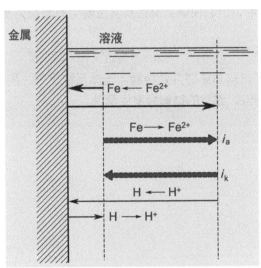

图3-4　稳定电位建立的示意

● **电极上进行着两个（或两个以上）电极反应**

$$\text{Fe} \Longrightarrow \text{Fe}^{2+} + 2\text{e} \quad （其平衡电位为 E_{e,\,Fe}）$$
$$2\text{H}^+ + 2\text{e} \Longrightarrow \text{H}_2 \uparrow \quad （其平衡电位为 E_{e,\,H}）$$

当电极系统处于稳定状态时，电极上失去电子靠某一过程（$\text{Fe} \longrightarrow \text{Fe}^{2+} + 2\text{e}$），而得到电子则靠另一过程。此时，系统中两相界面上电荷交换达到了平衡（$i_a = i_k$），但是，每个电极过程的物质交换却不平衡。

● **共轭体系和腐蚀电位**

一个孤立电极上，同时以相等速度进行着一个电极过程的阳极反应（$\text{Fe} \longrightarrow \text{Fe}^{2+} + 2\text{e}$）和另一过程的阴极反应（$2\text{H}^+ + 2\text{e} \longrightarrow \text{H}_2 \uparrow$）的现象称为电极反应的耦合，而互相耦合的反应称为共轭反应，相应的电极系统称为共轭体系。

在共轭体系中，一对共轭反应都各自偏离了自己的平衡电位 E_e，同在非平衡电位 E 的数值下进行，电位 E 称为腐蚀电位，它处在互相耦合的两个电极反应的平衡电极电位数值之间，即

$$E_{e,\,H} > E > E_{e,\,Fe}$$

E又称为混合电位。该电位不服从Nernst公式，不能计算，只能用实验方法测得。

● 腐蚀电位下金属发生腐蚀

相互耦合的电极反应中，阳极反应使金属失去电子而阳极溶解，其结果导致了金属（如Fe）的腐蚀，所以混合电位亦称腐蚀电位E_c。

在腐蚀领域中，经常碰到的都是非平衡体系，所以腐蚀电位虽然与腐蚀速度没有简单的对应关系，但它在研究腐蚀及其控制中有着极为重要的意义。

重要启示

工程上应用的材料与环境介质接触，当体系稳定后，所测得的电位是腐蚀电位而不是平衡电位。此时的材料会发生腐蚀。

4 金属电化学腐蚀倾向的判断

人类的经验表明，一切自发过程都有方向性，过程一旦发生就不能自动回复到原状，这是自发过程具有的一个显著特征——不可逆性。因此有必要了解什么因素决定自发变化的方向和限度。

4.1 金属的电化学腐蚀过程

金属电化学腐蚀过程是：金属和它周围的电解质溶液环境所组成的体系，从一个热力学不稳定状态过渡到热力学稳定状态的过程。其结果是生成各种化合物，同时引起了金属结构的破坏。

例如，图4-1（a）把铁片放入盐酸溶液中，立即可见有氢气放出，同时铁会溶解到溶液中，发生了腐蚀。

图4-1（b）所示把紫铜片浸入不含溶解氧的盐酸中时，看不到有氢气放出，铜也不发生溶解而腐蚀。

图4-1（c）所示当盐酸中一旦有氧溶解进去后，就能见到紫铜片不断溶解，遭受着腐蚀，溶液变蓝色。此时，仍看不到有氢气放出。

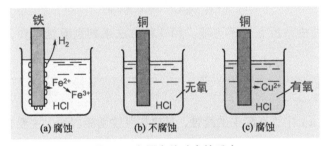

图4-1 金属在盐酸中的反应

这里要问：为什么不同金属在同一种介质中的腐蚀行为不一样？

为什么同种金属在不同的介质中，腐蚀情况也不同？

究竟造成金属电化学腐蚀的原因是什么？应如何判断？

4.2 腐蚀反应的自由能变化与腐蚀倾向

金属的腐蚀过程通常都是在恒温、恒压的敞开体系下进行的化学反应。根据热力学定律，腐蚀倾向的大小可以通过腐蚀反应的自由能变化 $\Delta G_{T,P}$ 来衡量，金属种类不同，这种倾向也是很不相同的。

$$\Delta G_{T, P}<0 \quad \text{腐蚀反应可能发生}$$
$$\Delta G_{T, P}>0 \quad \text{腐蚀反应不可能发生}$$

可见，自由能变化的负值愈大，一般表示金属愈不稳定；自由能变化的正值愈大，常表示金属愈稳定，不易发生腐蚀。

4.3 可逆电池电动势和腐蚀倾向

用电极电位来判断腐蚀倾向

从热力学可知，在恒温、恒压条件下，可逆过程所做的最大非膨胀功（如果只有电功一种）等于自由能的减少，即

$$\Delta G=-nFE=-nF\left(E_{e, k}-E_{e, a}\right)$$

式中，E 为电池电动势；$E_{e, k}$，$E_{e, a}$ 分别为腐蚀电池中阴极和阳极反应的平衡电极电位。

由于腐蚀反应必须在 $\Delta G<0$ 时，才能自发进行，因此上式中必须

$$E_{e, k}-E_{e, a}>0 \quad \text{或} \quad E_{e, a}<E_{e, k}$$

可见，腐蚀发生的根本原因是介质中必须有氧化剂存在，而且，该金属的标准平衡电极电位要比介质中氧化剂的标准平衡电极电位更负时，即

$$E_{e, a\,(\text{金属})}<E_{e, k\,(\text{氧化剂})}$$

腐蚀才能发生；反之便不可能。用这种方法来判别腐蚀倾向，使用起来十分方便。

应用实例

● 例如图4-1（a）中铁在酸中的腐蚀，其电极系统两相界面上主要有两个电极反应

$$Fe^{2+} + 2e \Longrightarrow Fe \qquad E_{e, Fe}^{\circ}=-0.44V$$
$$2H^+ + 2e \Longrightarrow H_2\uparrow \qquad E_{e, H}^{\circ}=0.00V$$

由于 $E_{e, Fe}^{\circ}<E_{e, H}^{\circ}$，故腐蚀反应可以自发进行，故铁在HCl溶液中腐蚀，同时放出H_2。

● 图4-1（b）和（c）中，铜在酸溶液中可能发生的电极反应有：

$$Cu^{2+} + 2e \Longrightarrow Cu \qquad E_{e, Cu}^{\circ}=0.33V$$
$$2H^+ + 2e \Longrightarrow H_2\uparrow \qquad E_{e, H}^{\circ}=0.00V$$
$$\frac{1}{2}O_2 + 2H^+ + 2e \Longrightarrow H_2O \qquad E_{e, O}^{\circ}=1.229V$$

由于图4-1（b）中 $E_{e,Cu}^{\circ} > E_{e,H}^{\circ}$，故铜在无氧的HCl中，腐蚀反应不能进行，所以不腐蚀，也不会有氢气放出。

● 图4-1（c）中 $E_{e,Cu}^{\circ} < E_{e,O}^{\circ}$，故铜在有氧溶液的HCl中，是以O的还原作为阴极反应，使铜发生腐蚀，故也没有H_2放出。

特别注意

　　使用标准平衡电位来判断金属腐蚀的倾向时，应特别注意被判断金属所处的条件和状态，以及在实际应用中的粗略性和局限性。例如：

● 工程材料多数是合金，对于含有两种或两种以上组分的合金来说，要建立它的平衡电极电位是不可能的。

● 从标准平衡电极电位中可知，在热力学上铝比锌的平衡电位更负，应有不稳定的腐蚀倾向，可实际中，在大气条件下，铝易形成具有保护性的氧化膜，反使铝比锌更为稳定。

5 电位-pH图

电位-pH图是基于化学热力学原理建立起来的一种电化学平衡图。

5.1 图的构成

电位-pH图是综合考虑了金属的氧化-还原电位与溶液中的离子浓度和酸度之间存在的函数关系，以相对于标准氢电极的电位为纵坐标，以pH值为横坐标绘制而成。为简便起见，往往将浓度变量指定一个数值（如10^{-6}mol/L），则图中就明确表示出在某一电位和pH值的条件下体系的稳定物态或平衡状态，如图5-1所示。

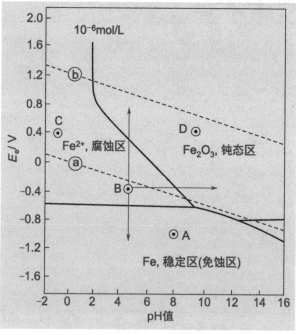

图5-1　Fe-H_2O体系简化的E-pH图

图中ⓐ和ⓑ为氢电极（$p_{H_2}=0.1$MPa）和氧电极（$p_{O_2}=0.1$MPa）反应的平衡线。

在溶液中以金属离子的活度$a_{M^{n+}}=10^{-6}$mol/L为临界条件，将相应条件下的溶液/固体的多相反应的平衡线作为分界线，这就把E-pH图大致分为三个区域：

- 稳定区：金属完全处于热力学稳定状态而不腐蚀，故称为稳定区（免蚀区），如图中A点所处状态。
- 腐蚀区：金属不稳定，随时可能发生腐蚀，如图中B点所处状态。

● **钝化区**：此时的金属表面往往有氧化膜，金属是否遭受腐蚀完全取决于这层氧化膜的保护性能，如图中D点所处状态。

5.2 电位-pH图的应用

判断金属的腐蚀倾向，估计腐蚀行为

当知道电极体系中的电极电位和溶液的pH值后，在图5-1中可找到一个"状态点"，如图中的C点状态，此时，由于$E_{e,Fe} > E_{e,H}$而$E_{e,Fe} < E_{e,O}$，所以，铁的腐蚀是以O_2的还原作为阴极过程，而不是以H^+的还原作为阴极过程。

选择可能控制腐蚀的有效途径

要把图中的B点移出腐蚀区，可采用：

● 使之阴极极化，将B点电位降至稳定区，免遭腐蚀，这就是阴极保护技术。

● 使之阳极极化，把B点电位升高到钝化区，使铁的表面生成并维持一层保护性氧化膜，从而大大降低腐蚀，这就是阳极保护技术。

● 将B点处的溶液的pH值调至9~13之间，也同样可使铁进入钝化区而得到保护，这就是用介质处理来进行防护的方法。

几种常用的金属简化的电位-pH图

图5-2~图5-6为几种金属材料的电位-pH图，显示了各种金属不同的腐蚀倾向。

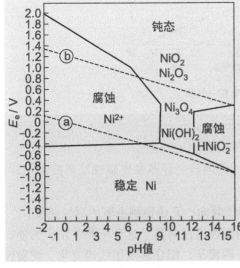

图5-2 镍的电位-pH图

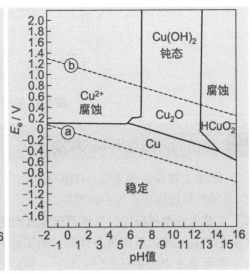

图5-3 铜的电位-pH图

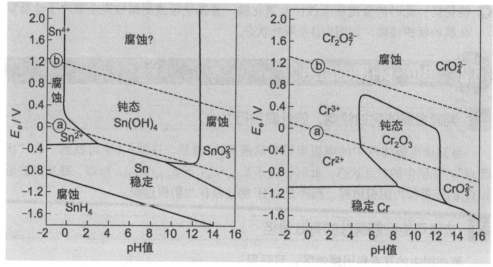

图5-4　锡的电位-pH图　　　　　　　　　　　　图5-5　铬的电位-pH图

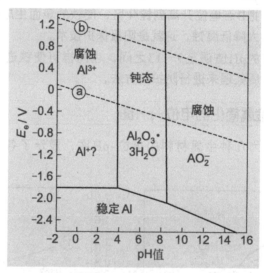

图5-6　铝的电位-pH图

电位-pH图应用中的限制

　　利用上述理论的电位-pH图可以较为方便地研究许多金属腐蚀及其控制问题，但必须严格注意在应用中的限制。

- 它是电化学平衡图，只能预示金属的腐蚀倾向，无法预测金属的腐蚀速度。
- 图中各线是以平衡为条件的，而实际的腐蚀往往偏离了这个平衡条件。另外，实际溶液中还会存在 Cl^-、SO_4^{2-}、PO_4^{3-} 等阴离子，都会影响图线的变化，使腐蚀问题更加复杂。

● 实际腐蚀中，金属腐蚀着的表面pH值与主体溶液中的pH值往往有很大的差别，不能视为一致。
● 图中的钝化区，不反映钝化膜的保护程度。

5.3 实验电位-pH图

电位-pH图有限制，若能在理论的E-pH图中补充一些动力学实验数据，可获得实验电位-pH图，在使用过程中，结合考虑相关的动力学因素，将会使电位-pH图有更加广泛的用途（图5-7）。

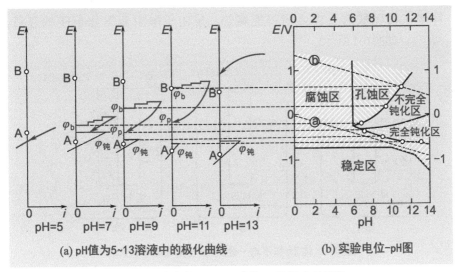

(a) pH值为5~13溶液中的极化曲线　　　(b) 实验电位-pH图

图5-7　铁在含355×10^{-6}的Cl^-溶液中的行为

6 腐蚀电池

腐蚀电池的存在对腐蚀的影响很大，但它并不是腐蚀发生的根本原因。

6.1 腐蚀电池的形成

锌浸在稀硫酸溶液中之所以能腐蚀，是由于酸中有氧化剂H^+的存在，且$E_{e, Zn} < E_{e, H}$，如图6-1所示。

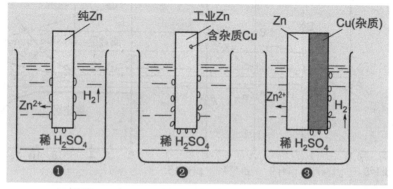

图6-1 纯Zn和不均一金属Zn在稀硫酸中的腐蚀

纯Zn在稀H_2SO_4中的腐蚀

如图6-1中❶，当电位稳定时，Zn/H_2SO_4界面上，存在着两个互相耦合的电极反应

$$Zn \longrightarrow Zn^{2+} + 2e$$
$$2H^+ + 2e \longrightarrow H_2\uparrow$$

导致锌在H_2SO_4中不断腐蚀溶解，同时放出H_2。

工业Zn在稀H_2SO_4中的腐蚀

如图6-1中❷、❸，当金属中含有其他杂质（工业Zn中含有杂质Cu）时，那么一对耦合的电化学反应可以在金属表面上不同的位置进行。为说明问题，把图中❷工业Zn中的杂质Cu简化成图中❸所示。对比❶、❷和❸的实验现象，可以看到与铜片连接在一起的锌片的溶解速度要比单独纯Zn快得多，在铜片上析出的氢气也较多。这表明：

锌因铜的存在腐蚀要严重得多。实质上是锌与铜相连组成了腐蚀原电池，其工作的结果加速了锌的腐蚀。所以说工业锌要比纯锌的腐蚀更严重。

6.2　腐蚀电池的工作历程

腐蚀电池的工作原理与一般原电池相同，如图6-2所示。

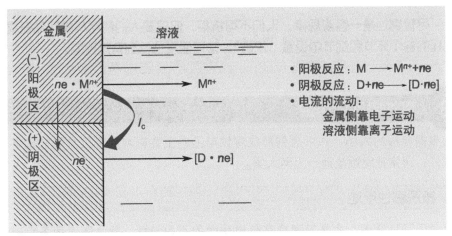

图6-2　腐蚀电池工作历程的示意

腐蚀电池中，有三部分工作相互联系着，缺一不可。

阳极区

- 该区域的电极上发生失去电子的氧化反应，亦称阳极反应。该电极称"阳极"。

$$M \longrightarrow M^{n+} + ne$$

- 该区域的电极电位相对较低，是电池中的"负极"。

阴极区

- 该区域的电极上发生吸收电子的还原反应，亦称阴极反应。该电极称"阴极"。

$$D + ne \longrightarrow [D \cdot ne]$$

- 该区域电极电位相对较高，是电池中的"正极"。

腐蚀电流的方向

- 电流的方向是指正电荷流动的方向。电流从阳极流出进入溶液中，再从溶液中流入阴极。

- 金属电化腐蚀是按原电池作用的历程进行的。可见，腐蚀着的金属，作为阳极（区）发生着氧化（溶解）反应，随着电流从阳极的流出而遭受腐蚀；作为阴极

（区），发生着吸收电子的还原反应，是电流流进的阴极部位，不会发生腐蚀。所以，有时金属的腐蚀速度也可用阳极的电流密度来表示。

● 如果以上三个环节中，任何一个停止，则整个电池工作就停止，体系中的金属腐蚀也就停止。

重要启示

　　尽管腐蚀是一客观规律，人们不可抗拒，但只要人们利用科技活动在腐蚀过程的各个环节和细节中设置"障碍"，都可使腐蚀得到有效控制。

6.3　腐蚀电池的类型

　　根据电极的大小，并考虑到形成腐蚀电池的主要影响因素及金属被破坏的表现形式，通常把腐蚀电池分为两大类。

微观腐蚀电池

　　由于种种原因，金属表面存在着电化学的不均匀性，即金属表面各点电位不等的情况，促使金属表面上由于存在许多微小的电极而形成的电池，称为微电池。造成不均匀性的原因是多方面的。

● 金属表面化学成分不均匀引起的微电池

❶ 工业用材料大多含有不同的合金成分或杂质，当它在腐蚀介质中时，基体金属合金或杂质就构成了许多微小的短路微电池（图6-3）。

❷ 杂质或合金成分通常为阴极性组分，它将加速基体金属的腐蚀。如碳钢中的渗碳体Fe_3C、铸铁中的石墨及工业铝中的杂质Fe和Cu、工业锌中的铁杂质等，在腐蚀介质中它们作为阴极相，起到加剧基体金属腐蚀的作用。

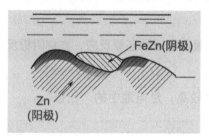

图6-3　化学成分不均（Zn及其杂质）

● 金属组织不均匀构成的腐蚀微电池

　　在同一金属或合金内部一般存在着不同组织结构区域，如晶界处由于晶体缺陷密度大，容易富集杂质原子，产生晶界吸附沉淀，电位要比晶粒内部低，成为微电池的阳极（如图6-4所示）。

● **物理状态不均匀构成的腐蚀微电池**

在机械加工过程中，常常会出现金属各部分变形和受应力作用的不均匀。一般情况下，变形和应力集中的部位成了阳极，如铁板弯曲处（见图6-5）、铆钉头的部位发生的腐蚀，就是这个原因。

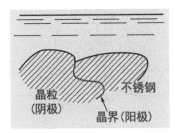

图6-4 金属组织不均（晶粒和晶界）

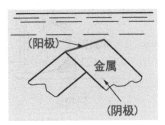

图6-5 金属物理状态不均（形变）

● **金属表面膜的不完整构成的腐蚀微电池**

无论是金属表面形成的钝化膜，还是涂镀覆上的阴极性金属层，由于存在孔隙或破损，这些裸露出极微小的基体金属成为阳极（图6-6），受到严重的腐蚀。

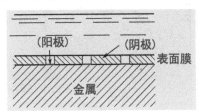

图6-6 金属表面膜不完整而不均（膜中有孔）

宏观腐蚀电池

这种电池通常是指由肉眼可见的电极构成的"大电池"，常见的有三种。

● **异种金属接触的电池**

❶ 当两种具有不同电位的金属或合金相接触并处于电解质溶液中时，电位较负的金属为阳极而不断遭受腐蚀，电位较正的金属为阴极而得到保护，这种腐蚀称为电偶腐蚀。

❷ 海水中，钢质船壳的电位较青铜推进器的电位负，在组成电偶中成为阳极而遭受加速腐蚀［图6-7（a）］。铝制容器若用铜铆钉时［图6-7（b）］，在腐蚀介质中，由于铝的电位比铜负，在电偶中成为阳极，也遭受加速腐蚀，而铜铆钉受到保护。

❸ 通有冷却水的碳钢-黄铜冷凝器及其他不同金属的组合件如螺钉、螺母、焊接材料等与主体设备连接，也常出现这类电偶腐蚀。

● **浓差电池**

浓差电池是由于同种金属的不同部位所接触的介质的浓度不同而形成的。最普

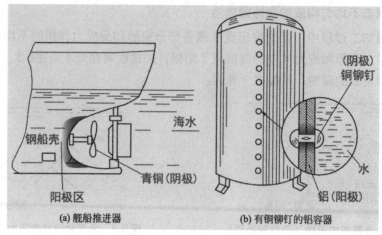

图6-7　异种金属接触的电池

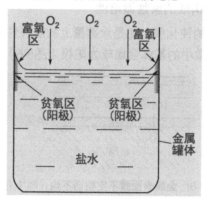

图6-8　水线腐蚀示意

遍最重要的是氧浓差电池或充气不均形成的电池。氧浓度低处电位要比氧浓度高处的电位低，因而成为阳极受到加速腐蚀，例如水线腐蚀（图6-8）。

❶ 接触盐水弯月面上部的罐壁处，O_2通过液膜容易到达壁面，是富氧区，电位比较正，成为阴极区。接触弯月面下部的罐壁处，O_2要通过厚些的液层才能到达罐壁处，故是贫O_2区，电位较负成为阳极区，遭受严重的腐蚀。因此在紧靠盐水弯月面下方的罐壁周围处发生了腐蚀，亦称为水线腐蚀。

❷ 又如长输管线通过不同质地的土壤所发生的充气不均的腐蚀（如图6-9所示）。金属管道处在砂土中，由于氧容易渗入，电位较高，成为阴极。而处于黏土中的金属部分，由于氧难渗入而缺氧，电位较低，成为阳极。它们之间构成了氧浓差电池，使埋在黏土中的金属管道遭受了腐蚀。

● 温差电池

这是由于浸入腐蚀介质的金属处于不同温度的情况下形成的。如碳钢换热器中，高温端电位较低，成为阳极，腐蚀严重；而低温端电位较高，是阴极。

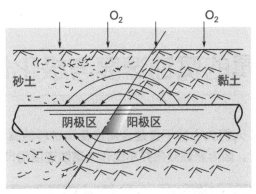

图6-9　管线通过不同土质时发生的充气不均腐蚀

6.4 腐蚀电池的特点和作用

特点

● 在工程中材料/环境组成的电极系统，由于种种原因，使金属表面各处的电位不相等，即电化学不均匀，很易导致腐蚀原电池的形成。

● 腐蚀原电池是短路原电池，阴阳极分不开，但它同样将化学能变为电能，可电能却无法被利用，而是以热能的形式散失掉。

腐蚀电池的作用

　　腐蚀电池的存在，会加速腐蚀的进行，也会改变腐蚀的分布，但并不是腐蚀发生的根本原因。如果介质中没有氧化剂的存在，腐蚀电池即使存在，也不会起作用。

金属的腐蚀速度与极化作用

在实际应用中，人们关心的不仅是金属设备和材料的腐蚀倾向，更重要的是腐蚀过程进行的速度，因为腐蚀倾向并不能作为腐蚀速度的尺度。

7.1 极化作用

一个较大的腐蚀倾向不一定对应着一个较高的腐蚀速度。例如，铝从热力学的角度看，它的腐蚀倾向较大，但在某些介质中，它的腐蚀速度却很低，比那些腐蚀倾向较小的金属更耐蚀。对于金属设备来说，要设法降低腐蚀反应的速度以达到延长其使用寿命的目的，为此必须了解腐蚀过程进行的机理，掌握不同条件下腐蚀的动力学规律以及影响腐蚀速度的各种因素，以寻求经济、有效的腐蚀控制途径和解决方案。

极化现象

◉ 观察一个简化的腐蚀电池的工作，如图7-1所示。

❶ 电池接通前，外电路电阻相当于无穷大，电流为零。

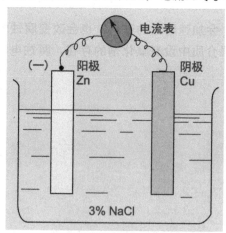

图7-1 腐蚀电池及其电流变化示意

❷ 当电池接通的瞬间，可观察到一个很大的起始电流。根据欧姆定律，其电流为：

$$I_{始} = \frac{E^{o}_{k,Cu} - E^{o}_{a,Zn}}{R}$$

式中，$E_{k,Cu}^\circ$ 为阴极铜的开路电位；$E_{a,Zn}^\circ$ 为阳极锌的开路电位；R 为电池系统总电阻。

❸ 当电流达到最大值后，随时间的增多电流却很快减小，最后稳定在一个较小的电流值上。

$$I_{稳}=\frac{E_{k,Cu}-E_{a,Zn}}{R} \ll I_{始}$$

○ 从欧姆定律可知，影响电流强度的因素有二：电池两极间的电位差和电池内外电阻的总和 R。然而电池接通前和后，总电阻 R 并没有发生变化，那么电流 I 的减小只能是电池两极间的电位差降低的结果。实验测得的结果也完全证明了这一结论。

○ 如图 7-2 所示，当电路接通后，阴极（Cu）的电位变得越来越负；而阳极（Zn）的电位变得越来越正，故两极间的电位差（E_k-E_a）变得越来越小，最后当体系稳定时，阴极的电位负移至 E_k，而阳极电位正移至 E_a，两极间的电位差减小到 E_k-E_a。由于 $E_k-E_a \ll E_k^\circ-E_a^\circ$，所以在 R 不变的情况下，$I_{稳}$ 要比 $I_{始}$ 小很多。

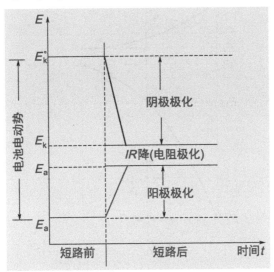

图 7-2　电极电位随时间变化的示意

❶ 由于电流的通过而引起原电池两极间电位差变小，导致电池工作电流强度降低的现象，称为原电池的极化。

❷ 随电流的通过，阳极电位向正值方向移动的现象称为阳极极化。

❸ 随电流的通过，阴极电位向负值方向移动的现象称为阴极极化。

去极化

○ 消除或减弱阳极和阴极极化作用的过程称为去极化过程。

○ 能消除或减弱极化作用的物质称为去极化剂。因此，可以认为环境中存在的能促使腐蚀进行的氧化剂就是一种去极化剂，常用 D 表示。

可见，腐蚀电池的极化作用，导致腐蚀电流的减小，从而降低腐蚀速度。如果没有极化作用，金属材料和设备的腐蚀速度也将是非常之大。

特别指出

极化相当于一种阻力，增大极化有利于防腐蚀。

极化作用的表征——极化曲线

为了便于准确理解极化作用，常利用电位与电流强度或电流密度关系曲线（E-I图或E-i图）来描述，如图7-3所示。

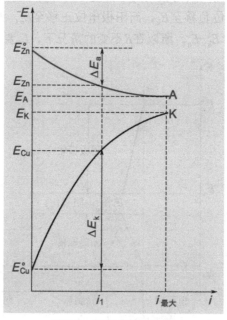

图7-3　极化曲线的示意

- 图中E_{Cu}°和E_{Zn}°分别为Cu和Zn的开路电位。随着电流密度的增加，阳极电位沿曲线E_{Zn}A向正值方向移动，而阴极电位沿曲线E_{Cu}°K向负值方向移动。
- 把表示电极电位与电流密度之间的关系曲线称为极化曲线，图中E_{Zn}°A为阳极极化曲线，E_{Cu}°K为阴极极化曲线，ΔE_a、ΔE_k分别是在电流密度i_1时的阳极极化值和阴极极化值。

从极化曲线形状可知：电极极化的大小可判断电极反应的难易程度。

❶ 极化曲线较陡，表明极化值大，反应的阻力大，过程较难进行。

❷ 极化曲线较平坦，则表明极化值小，反应的阻力小，过程较易进行。

产生极化的原因

极化现象产生的实质在于电子的转移速度比电极反应及其相关的步骤完成的速度快，如图7-4所示。

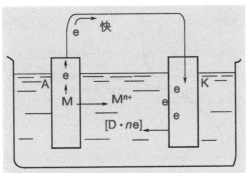

图7-4　腐蚀电池的极化示意

进行阳极反应时金属离子转入溶液的速度落后于电子从阳极流到外电路的速度，这就使阳极上积累起过剩的正电荷，导致阳极电位向正方向移动；在阴极反应中，接受电子的物质来不及与流入阴极的电子相结合，这就使电子在阴极上积累，导致阴极电位向负方向移动。

极化的类型

任何一个电极反应的进行，都要经过一系列互相连续的步骤；其中阻力最大的和进行最困难的决定整个电极过程速度，最慢的步骤称为控制步骤。电极的极化主要是电极反应过程中控制步骤所受阻力的反映。极化主要分为两类：电化学极化和浓度极化。

● 电化学极化

如果电极反应所需要的活化能较高，使电荷转移的电化学过程速度变慢，成了整个电极过程的控制步骤，由此导致的极化称为电化学极化，又称活化极化。其极化曲线的形状（如图7-5所示）符合半对数关系。

● 浓度极化

如果反应物从溶液相中向电极表面运动或产物自电极表面向溶液相内部运动的液相传质很慢，以致成为整个电化学反应过程的控制步骤，与此相应的极化称为浓度极化。其极化曲线的形状如图7-5所示。对腐蚀来讲，其中的扩散过程最为重要，可能出现极限扩散电流密度。

● 值得注意的是，对于具体的腐蚀体系，几种极化未必同时出现；即使同时出现，其程度也不同，应具体问题具体分析。例如金属在活化态下腐蚀，此时的阳极电化学极化就很小；如果腐蚀产物溶解度很小，则浓度极化也很微弱，所以阳极极化曲线就比较平坦；阳极极化小，腐蚀反应易进行。

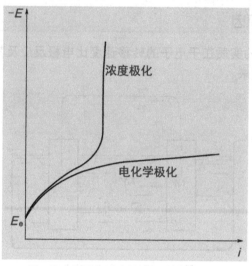

图7-5　有极化时电极过程的极化曲线

7.2　腐蚀金属电极及其极化行为

腐蚀金属电极的极化

● 金属腐蚀体系达到稳定时，建立起一个共轭体系，此时，在金属/溶液界面上，至少有两个不同的电极过程以相等的反应速度在同时进行。

一个是金属电极反应，主要按阳极反应方向

$$M \xrightarrow{i_a} M^{n+} + ne \quad （i_a 为阳极电流密度）$$

一个是去极化剂电极过程，主要按阴极反应方向

$$D + ne \xrightarrow{i_k} [D \cdot ne] \quad （i_k 为阴极电流密度）$$

而且

$$i_a = i_k = i_c（i_c 为腐蚀电流密度）$$

腐蚀金属电极的极化情况如图7-6所示。

● 由于这两个电极过程的平衡电位$E_{e,M}$、$E_{e,O}$不相等，它们彼此互相极化，都将偏离各自的平衡电位而相向极化，到达一个共同的非平衡电位E_c。称E_c为腐蚀电位，其数值是在这两个反应的平衡电位值之间，故有时亦称混合电位，即

$$E_{e,M} < E_c < E_{e,D}$$

● 腐蚀着的金属电极，实际上是极化了的电极。其中的阳极反应是金属材料的溶解，结果导致金属的腐蚀破坏。在腐蚀领域中，经常涉及的腐蚀电位是非平衡电极电位，这一参数在研究腐蚀及其控制中至关重要。

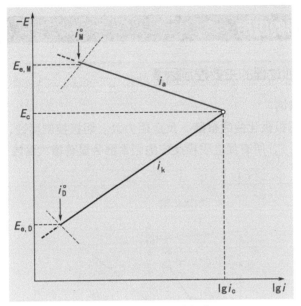

图7-6 腐蚀体系的极化

腐蚀极化图

研究金属腐蚀问题时，经常利用图解法，以简明、直观地来解释腐蚀现象，分析腐蚀过程的控制步骤，揭示控制机理及探讨腐蚀控制的可行性等。

- 将阳极和阴极极化曲线绘制在同一个电位-电流坐标图上构成的图，称为"腐蚀极化图"。

- 如将极化曲线简化成直线，这样简单又不影响问题的分析；简化后的极化图，常称伊文思极化图，如图7-7所示。

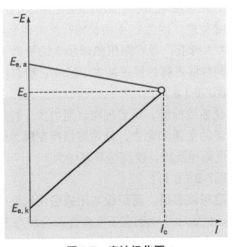

图7-7 腐蚀极化图

7.3 极化图的应用

可揭示腐蚀过程的主要控制因素

❶ **阴极控制的腐蚀**

这类腐蚀的阴极极化曲线很陡，反应阻力大。阴极控制腐蚀，腐蚀电位E_c接近阳极反应的$E_{e,a}$，所有促进阴极反应的因素都会显著增大腐蚀（见图7-8）。

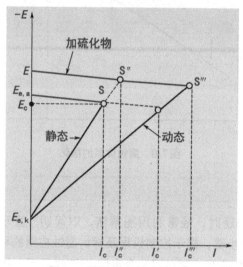

图7-8 阴极控制的腐蚀过程

例如碳钢在海水中的腐蚀属阴极控制的情况，腐蚀电流为I_c；海水流动，促进O_2的去极化反应，故阴极极化曲线为$E_{e,k} S'''$，比$E_{e,k} S$平坦，从而导致腐蚀速度明显增大，腐蚀电流为I'_c，所以流动海水中的腐蚀要比静态中的严重得多（$I'_c > I_c$）。如若在溶液中加入硫化物，因为S^{2-}不但使阳极反应得到催化而加快，而且还使溶液中的Fe^{2+}浓度大大降低，导致阳极的起始电位更负（$E_{e,a} \to E$），使整个阳极极化曲线负移，同样促进腐蚀显著加大（$I'' > I_c$，静态；$I''' \gg I_c$，动态）。

❷ **阳极控制的腐蚀**［图7-9（a）］

此类腐蚀的阳极极化曲线很陡，反应困难，阻力大，控制着腐蚀速度。如在溶液中能形成稳定钝态的金属和合金，就是阳极控制腐蚀的典型例子；破坏静态的各种因素均能促进阳极反应，使腐蚀显著增大。

❸ **混合控制的腐蚀**［图7-9（b）］

如果体系的欧姆电阻可以忽略，而阴极与阳极极化的程度相差不大，腐蚀受阴极、阳极混合控制。如铝和不锈钢在不完全静态的状态下的腐蚀属此类。

❹ **欧姆电阻控制的腐蚀**［图7-9（c）］

如地下管线或土壤中的金属结构处于电阻率较高的溶液中的腐蚀。

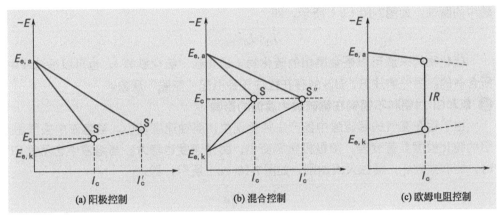

图7-9　各种控制情况下的腐蚀极化图

(a) 阳极控制　　　　(b) 混合控制　　　　(c) 欧姆电阻控制

特别提示

揭示腐蚀过程中的控制步骤和影响因素，目的在于设法在其中设置障碍，增大极化，以减少腐蚀，这是经济有效控制腐蚀的有效途径。

可解释腐蚀现象

● **杂质对锌在稀硫酸中腐蚀的影响**

氢在锌上析出的过电位较高，反应阻力大，故属阴极控制腐蚀。作为杂质的Cu存在时，由于Cu上析氢的过电位比在Zn上要低，使氢的析出容易，从而增强了锌的腐蚀。而Hg上析氢的过电位要比在Zn上高，所以Hg在Zn中存在，使析H_2过程更困难，从而减缓了锌的腐蚀。如图7-10（a）所示。

$$I_{c(Hg)} < I_{c(Zn)} < I_{c(Cu)}$$

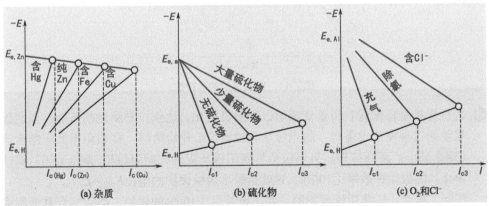

(a) 杂质　　　　　(b) 硫化物　　　　(c) O_2和Cl^-

图7-10　不同因素对腐蚀的影响

● **硫化物对碳钢在酸溶液中腐蚀的影响**

硫化物的存在，会促进碳钢腐蚀的阳极反应，降低阳极极化，从而加速碳钢在

酸中的腐蚀，如图7-10（b）所示，即

$$I_{c1} < I_{c2} < I_{c3}$$

硫化物的来源可以是金属相的硫化物（硫化锰、硫化铁等），也可以是溶液中所含有的。另外需注意，H_2S 的存在往往还会引起"氢脆"现象。

● 氧和 Cl^- 对铝和不锈钢在稀硫酸中腐蚀的影响

由于铝在充气的稀硫酸中能产生钝化现象，腐蚀速度较小。当溶液中去气后，铝的钝化程度显著变差，阳极极化率变小，腐蚀速度也增大。当溶液中含活性 Cl^- 时，钝态被破坏，腐蚀大大加剧，如图7-10（c）所示，即

$$I_{c1} < I_{c2} < I_{c3}$$

确定阴极保护的可行性，选取保护参数

● 图7-11中的腐蚀属阴极控制的腐蚀过程，如再进一步增大阴极极化，腐蚀容易获得有效的控制，故用阴极保护合理、可行。

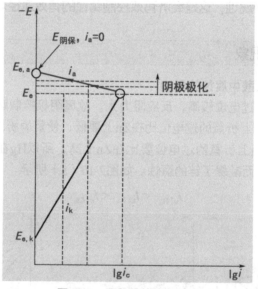

图7-11 阴极保护的可行性

● 阴极保护是将被保护设备变成阴极而阴极极化，达到控制腐蚀的目的。当阴极电流通过被保护设备时，随电位从腐蚀电位 E_c 开始负移，腐蚀阳极反应的电流 i_a 随之减小，腐蚀减轻。当电位负移到阳极反应的起始电位 $E_{e,a}$ 时，$i_a = 0$，腐蚀停止。阴极保护效率达100%，这就是最小阴极保护的电位 $E_{阴保} = E_{e,a}$。

实际工程中，实施阴极保护时，并不单纯追求100%的保护，必须综合其他因素选取合理的保护电位。

另外，在研究腐蚀缓蚀剂等方面，也时常会用到腐蚀极化图。

可见，腐蚀极化图在腐蚀及其控制的研究中是重要的工具，其用途较为广泛。

8 金属电化学腐蚀的阴极过程

原则上讲，所有能吸收金属中电子的还原反应，都可以构成金属电化学腐蚀的阴极过程。显然，如果没有阴极过程，阳极过程就不会发生，金属也就不会发生腐蚀。亦即，金属腐蚀的阳极过程和阴极过程互相依存，缺一不可。其中，以 O_2 和 H^+ 作为去极化剂的阴极过程最重要。

8.1 电化学腐蚀的阴极过程

面已经指出，金属在溶液中发生电化学腐蚀的根本原因是溶液中含有能使金属氧化的物质（氧化剂），亦即腐蚀过程的去极化剂。去极化剂吸收电子还原的阴极过程与金属失去电子的阳极过程共同组成整个的腐蚀过程，如图8-1所示。

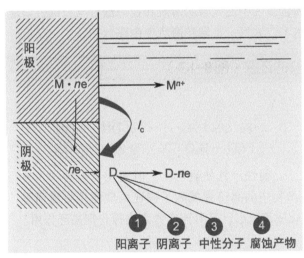

图8-1　金属电化学腐蚀过程示意

通常，在不同的条件下，金属腐蚀的阴极过程主要有以下几类。

溶液中的阳离子还原（图8-1❶）

例如：

$$2H^+ + 2e \longrightarrow H_2\uparrow$$

或

$$Cu^{2+} + 2e \longrightarrow Cu$$

或
$$Fe^{3+} + e \longrightarrow Fe^{2+}$$

这类阴极反应，作为腐蚀阴极过程的有：

- 许多黑色金属和有色金属以及它们的合金在酸性溶液中的腐蚀。
- 电位很负的碱金属和碱土金属在中性和弱碱性溶液中的腐蚀。
- 处在矿水中的矿山机械所发生的剧烈腐蚀，主要是高浓度的Fe^{3+}或Cu^{2+}的还原反应所引起的。

溶液中的阴离子还原（图8-1❷）

例如：
$$Cr_2O_7^{2-} + 14H^+ + 6e \longrightarrow 2Cr^{3+} + 7H_2O$$

溶液中的中性分子的还原（图8-1❸）

$$O_2 + 2H_2O + 4e \longrightarrow 4OH^-$$

这类阴极反应作为腐蚀阳极的过程有：

- 大多数金属和合金在中性电解质溶液和在弱酸性与弱碱性溶液中的腐蚀。
- 天然水（淡水）、大气、土壤和海水中的腐蚀。

不溶性产物的还原（图8-1❹）

例如：
$$Fe(OH)_3 + e \longrightarrow Fe(OH)_2 + OH^-$$
$$Fe_3O_4 + H_2O + 2e \longrightarrow 3FeO + 2OH^-$$

在很多情况下，腐蚀产物如氧化物、氢氧化物也会作为去极化剂而加速腐蚀过程。这时腐蚀产物中的高价金属离子被还原成低价金属离子，而后者又可以被空气中的氧再氧化成高价态，又可再次作为去极化剂循环作用。

特别提示

- 实际腐蚀中，有时不单单是一种阴极反应在起作用，而是两个或多个阴极反应共同构成腐蚀的总阴极过程。
- 实践中，最经常发生的最重要的阴极过程是氢离子和氧分子作为去极化剂的还原反应，其中氧的还原作为阴极反应的腐蚀过程最为普遍。

8.2 氢去极化腐蚀

以氢离子作为去极化剂的腐蚀过程称为氢去极化腐蚀，简称析氢腐蚀。

金属在溶液中发生氢去极化腐蚀的必要条件：

$$E_{e, M} < E_{e, H}$$
$$（金属的 \quad （去极化剂H^+$$
$$平衡电位） \quad 的平衡电位）$$

所以常用的金属材料，如Fe、Ni、Zn等（$E_{e, M} < E_{e, H}$）会发生氢去极化腐蚀，而Cu、Ag等（$E_{e, M} > E_{e, H}$）则不会发生氢去极化腐蚀。

■ 氢去极化的反应历程

析氢腐蚀中，H^+还原的总反应为

$$2H^+ + 2e \longrightarrow H_2 \uparrow$$

这一反应可分解成以下几个步骤进行。

第一步：水化H^+向电极扩散，并在电极表面脱水

$$H^+ \cdot H_2O \longrightarrow H^+ + H_2O$$

第二步：H^+在电极（M）表面放电，生成吸附氢原子

$$H^+ + (M) e \longrightarrow (M) H_{吸附}$$

第三步：吸附氢原子的复合脱附

$$(M) H_{吸附} + (M) H_{吸附} \longrightarrow (M) H_2 \quad （化学脱附）$$

或一个H^+放电同时与一个（M）$H_{吸附}$复合

$$H^+ + (M)H_{吸附} + (M) e \longrightarrow (M) H_2 \quad （电化学脱附）$$

第四步：氢分子形成气泡离开电极表面。

控制步骤：

对于大多数金属来说第二个步骤即氢离子与电子结合的放电步骤最慢，是控制步骤。但也有少数金属如铂（Pt）是第三个步骤即复合脱附步骤进行得最慢，是控制步骤。

特别注意

在涉及析氢腐蚀时，对有些金属，如铁和镍，在其表面吸附的H原子，一部分会向金属内部扩散，这就有可能导致金属在腐蚀过程中发生"氢脆"。

■ 氢去极化的阴极极化曲线

典型的氢去极化阴极极化曲线示意如图8-2所示。

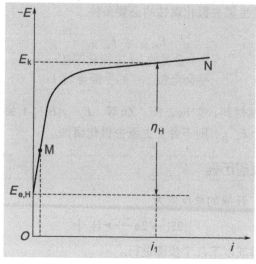

图8-2　析氢过程的阴极极化曲线

由于析氢过程有阻力，因此在氢的平衡电位$E_{e,H}$下，不可能有氢析出，电流为零。当电位比$E_{e,H}$更负时，克服了阻力才有氢析出，而且电位越负，析出的氢也就越多，电流密度也就越大。

氢过电位

在一定的电流强度i_1下，氢的平衡电位$E_{e,H}$与析氢电位E_k之间的差值就是该电流密度下氢的过电位，即

$$\eta_H = E_{e,H} - E_k$$

◉ 氢过电位与电流密度的关系

当电极上通过的电流大到一定程度时，氢过电位与电流密度的对数之间呈现直线关系，服从塔菲尔公式：

$$\eta_H = a_H + b_H \lg i$$

式中，常数a_H与电极材料、表面状态、溶液组成、浓度、温度有关。它的物理意义是当$i=1$时，$\eta_H = a_H$。常数b_H为常用对数塔菲尔斜率，它与电极材料无关。

◉ 不同材料的影响

不同材料的电极表面对H^+还原反应有不同的催化作用。因此，析氢过电位差别很大。通常根据a值大小将金属分成三类。

❶ 高氢过电位金属：a值在1.0～1.5V，主要有铅、汞、锌、锡等。

❷ 中氢过电位金属：a值在0.5～0.7V，主要有铁、钴、镍、铜等。

❸ 低氢过电位金属：a值在0.1～0.3V，主要有铂和钯等铂族金属。

可见，氢过电位的数值对析氢反应的去极化腐蚀的速度有很大的影响。

氢去极化腐蚀的特点

从热力学的角度来讲，金属的电极电位越负，发生氢去极化腐蚀的倾向越大。一般来说：

- 负电性金属在非氧化性酸中或氧化性比较弱的酸（如稀H_2SO_4、稀HNO_3）中，即金属表面没有钝化膜的情况下，以及电位很负的金属（如镁）在中性或碱性溶液中的腐蚀，都属于氢去极化腐蚀。

- 这类腐蚀多数属阴极控制，并且主要是阴极活化极化（电化学极化）控制。往往在很大程度上，取决于该金属上析氢反应的过电位。

析氢腐蚀的影响因素

- **很少与浓度极化有关**

  由于去极化剂是H^+，它带电、离子半径小，在溶液中有较大的扩散能力和迁移速度，去极化剂的浓度也较大；另外，还原反应的产物为H_2分子，以气泡形式析出离开表面，使溶液受到较充分的附加搅拌作用，故浓度极化可忽略。

- **强烈地依赖于溶液的pH**

  溶液的pH值减小H^+浓度增大，氢的电极电位变正，在氢过电位不变的情况下，驱动力增大，所以腐蚀速度将增大。如图8-3所示，不同材料的腐蚀速度均随溶液的pH值减小（即酸度增大）而加剧。

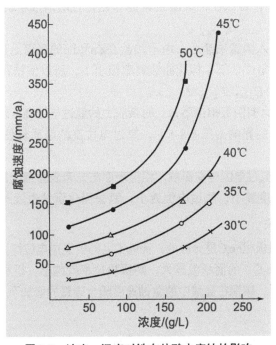

图8-3 浓度、温度对铁在盐酸中腐蚀的影响

通常在酸性溶液中pH值每增加1个单位，氢过电位将增59mV。

● **与金属材料的种类和表面状态有关**

❶ 锌和铁在稀硫酸中，锌的阳极反应活化极化很小，但其析氢过电位却很高，腐蚀速度较小（见图8-4中的$I_{c, Zn}$）。

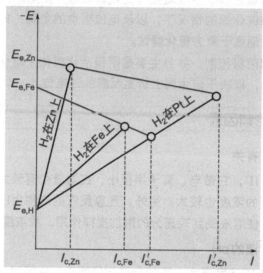

图8-4　锌和铁在稀硫酸中的腐蚀及铂盐对腐蚀的影响

而氢在铁上析出的过电位比在锌上的低得多，因此，虽然铁的电位比锌的正（$E_{e, Fe} > E_{e, Zn}$），但铁在稀硫酸或其他非氧化性酸溶液中的腐蚀速度却比锌的腐蚀速度要大（$I_{c, Fe} > I_{c, Zn}$）。

❷ 当向酸中加入微量铂盐后，由于铂盐在Zn和Fe的表面上还原成Pt，而在Pt上氢析出的过电位很低（极化曲线斜率很小），所以使铁和锌的腐蚀速度均被加剧（$I'_{c, Fe} > I_{c, Fe}$，$I'_{c, Zn} > I_{c, Zn}$）。

❸ 如果金属中含有阴极相杂质，此时杂质上的氢过电位高低对基体金属的腐蚀速度有着很大的影响（见图8-5），氢过电位高的杂质将使基体金属的腐蚀速度大大降低。

❹ 表面状态对氢过电位也有影响，粗糙表面与光滑表面相比，前者因实际表面积大，电流密度要小，氢过电位就小，氢去极化腐蚀也就严重。

● **与阴极面积有关**

由于碳钢中的阴极相Fe_3C是分散的，而Fe_3C上的析氢过电位低，如果含碳量越高，则局部阴极（Fe_3C）的面积就越大，阴极极化率就越小，析氢反应加大，腐蚀速度就越大，所以，碳钢在盐酸中的腐蚀速度随含碳量的增加而上升（图8-6）。

● **与温度有关**

温度升高，氢过电位减小，阳极反应和阴极反应都将加快，从而使腐蚀速度

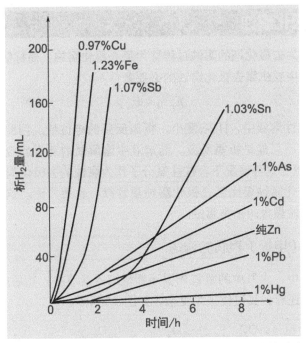

图8-5 不同的阴极相杂质对锌在稀硫酸中腐蚀速度的影响

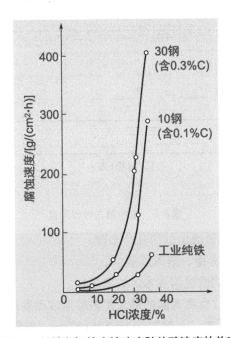

图8-6 纯铁和钢的腐蚀速度随盐酸浓度的关系

加剧，见图8-3（浓度、温度对铁在盐酸中腐蚀的影响）。

由上可见，氢去极化腐蚀是常见的危害性较大的一类腐蚀。

8.3　氧去极化腐蚀

以氧分子作为去极化剂的腐蚀过程称为氧去极化腐蚀，简称吸氧腐蚀。

金属在溶液中发生氧去极化腐蚀的必要条件：

$$E_{e,M} < E_{e,O}$$

在中性和碱性溶液中，H^+浓度小，析氢反应的电位低。因此，一般金属腐蚀的阴极过程往往不可能是析氢反应。而溶液中溶解氧的还原反应电位要比氢的电位正1.29V，所以在这种情况下，往往氧分子作为腐蚀的去极化剂。

可见氧去极化腐蚀要比氢去极化腐蚀更容易，也更广泛。这是自然界中普遍存在，而且破坏性最大的一类腐蚀。

氧向金属（电极）表面的输送

在腐蚀过程中，大气中的氧首先要不断地溶入溶液中，然后向金属表面输送，在金属表面进行还原，其过程极为复杂，如图8-7所示。

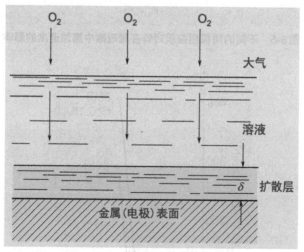

图8-7　氧的输送过程示意

氧向金属表面输送大致分为以下几个步骤：

❶ 氧通过空气/溶液界面，溶入溶液中。

❷ 以对流和扩散方式通过溶液本体的厚度层。

❸ 仅以扩散方式通过金属表面的静止扩散层溶液而到达金属表面。

虽然扩散层的厚度不大，一般为$10^{-2} \sim 5 \times 10^{-2}$cm，但氧只能以扩散这种唯一的方式通过，因此通常扩散步骤最缓慢而成为整个阴极过程的控制步骤。

氧的还原反应

在酸性溶液中，氧的还原反应为

$$O_2 + 4H^+ + 4e \longrightarrow 2H_2O$$

而在碱性溶液中，氧的还原反应为

$$O_2 + 2H_2O + 4e \longrightarrow 4OH^-$$

氧的还原反应历程较为复杂，至今尚待研究。

氧去极化的阴极极化曲线

氧还原反应的阴极极化曲线要比氢的复杂，如图8-8所示。由于控制因素不同，氧还原过程总阴极极化曲线分为四个部分。

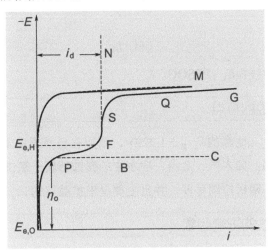

图8-8　氧去极化的总阴极极化曲线

● **阴极过程由氧的离子化反应速度所控制（见图中$E_{e,O}$PBC）**

当电流密度不大且阴极表面氧的供给比较充足的情况下，氧去极化属此情形。
与氢过电位类似，在一定电流密度范围内，氧的过电位与电流密度的对数呈直线关系，并服从塔菲尔（Tafel）公式

$$\eta_o = E_{e,O} - E_k = a_o + b_o \lg i$$

式中，常数a_o与电极材料、表面状态有关，其物理意义为当$i=1$时，$\eta_o = a_o$。常数b_o与电极材料无关。

但实际上，当$i < \frac{1}{2} i_d$（极限扩散电流密度）时，浓度极化就会出现，曲线将偏离原来的走向。

● **阴极过程由氧的离子化反应和氧的扩散过程混合控制**

当电流为$\frac{1}{2} i_d < i < i_d$时，由于浓度极化出现，曲线将从P点开始偏离BC线而走向F点，阴极过程的速度将与氧的离子化反应和氧的扩散过程都有关。

● **阴极过程由氧的扩散过程控制**

当$i=i_d$时，因扩散过程的阻滞，随电流密度增大极化曲线开始很陡地上升，便垂

直地走向FSN，电极电位大大地移向负方。此时，

❶ 整个阴极过程的速度完全由氧的扩散过程控制。

❷ 氧去极化的过电位不再取决于电极材料和表面状态，而是完全取决于氧的极限扩散电流密度i_d，即取决于氧的溶解度及氧在溶液中的扩散条件。

● **阴极过程由氧去极化与氢去极化共同组成**

当$i=i_d$时，极化曲线将沿着FSN的走向，当电流继续增大，电位向负不可能无限制继续，当电位负到一定程度时，某种新的电极过程也可能进行。例如在水溶液中当电位负移达氢去极化电位$E_{e,H}$（比$E_{e,O}$负1.229V）后，阴极过程由氧去极化和氢去极化进程共同组成（图中FSQ曲线）。此时电极上总阴极电流密度为

$$i_k=i_o+i_H$$

总的阴极极化曲线为$E_{e,O}$PFSQG。

氧去极化腐蚀的特点

● 氧的平衡电位$E_{e,O}$比氢的$E_{e,H}$正1.229V，所以在自然界中发生氧去极化的腐蚀更容易也更普遍。如大气、土壤、净水中的腐蚀都属于氧去极化腐蚀。

● 氧去极化腐蚀，阴极控制居多，并且主要是氧扩散控制。

氧去极化腐蚀的影响因素

作为去极化剂的氧分子与氢离子有本质不同，这就使得氧去极化腐蚀的影响因素与氢的很不相同。

● **与氧的溶解度有关**

在不发生钝化的情况下，溶解氧的浓度越大，氧离子化反应速度越快，氧的极限扩散电流密度也将越大，因而氧去极化腐蚀随之加剧。

例如，碳钢在盐水中，随着盐浓度增高氧的溶解度减小，所以饱和盐水中碳钢的腐蚀要比稀盐水中的腐蚀轻。

● **浓度极化突出，常常占主要地位**

去极化剂O_2的溶解度本来就很小（最高浓度约为10^{-4}mol/L），氧分子不带电，向电极表面的输送只能靠对流和扩散，产物又没有气体析出，不存在任何附加搅拌，反应产物也只能靠扩散和对流离开金属表面。因此，氧的阴极反应往往是扩散过程受阻滞，成为腐蚀的扩制步骤。

● **与金属中阴极性杂质或微阴极的数量或面积的增加关系不大**

在扩散控制条件下，即使阴极的总面积不大，但是实际用来可输送氧的溶液体积通道基本上已被占用完了（图8-9），所以继续增加微阴极，并不能引起扩散通道显著增大，也就不会显著加剧腐蚀。

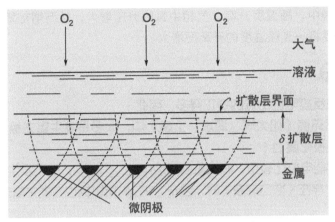

图8-9　氧向微阴极扩散途径的示意

⬤ 溶液流速的影响

❶ 当氧的浓度一定时，极限扩散电流密度i_d与扩散层厚度δ成反比。流速越大，δ越小，i_d越大，腐蚀加剧。当流速很高时，金属或合金将会发生"湍流腐蚀"和"空泡腐蚀"，对材料和设备破坏更大。

❷ 对于有钝化倾向的金属和合金，当尚未进入钝态时，适当增加流速，可增强氧向金属表面的扩散，导致金属和合金进入钝态而降低腐蚀；一旦流速过高，也可能破坏钝态，使腐蚀又重新加剧。所以这类金属的腐蚀受流速影响复杂，应具体问题具体分析，切不可一概而论。

⬤ 温度的影响

例如铁在敞口系统水中的腐蚀，其腐蚀速度在80℃时达到最大值，然而随温度再继续升高，腐蚀速度反而下降，如图8-10所示。这是因为溶液温度升高，一方面使氧的扩散过程和电极反应速度加快，使腐蚀速度增大，另一方面，随温度升高，反使氧的溶解度降低，腐蚀速度随之减慢。

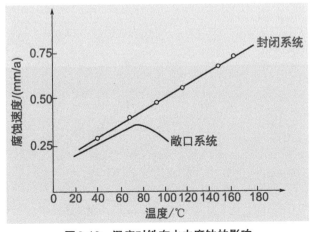

图8-10　温度对铁在水中腐蚀的影响

在封闭系统中，随温度升高，气相中氧的分压增大，从而增加氧的溶解度，因此腐蚀速度将一直随温度的升高而增大。

重要提示

氧的还原反应电位比氢的要正得多，因此：

- 在自然环境（如大气、海水、土壤）中，大多是发生氧去极化腐蚀而不是氢去极化腐蚀；

- 铜的平衡电位比较正，在去氧的溶液中 $E_{e,Cu} > E_{e,H^+}$，故不发生腐蚀，可是当有 O_2 存在（敞口溶液）时，因 $E_{e,Cu} < E_{e,O}$，所以铜也会发生氧去极化腐蚀。

⑨ 金属的钝化

钝化是腐蚀的阳极反应受到阻滞而引起金属或合金的腐蚀速度显著降低的一种现象。钝化后金属所处的状态称为钝态。钝化后金属所具有的性质称为钝性。研究钝化的形式、规律和机制目的是能够合理利用钝性，这对于控制金属在许多介质中的稳定性、提高金属的耐蚀性极为重要。

9.1　金属的钝化现象

金属的钝化现象早在17世纪末被美国学者Keir发现。他发现把铁放在稀硝酸中时，腐蚀非常剧烈，但把铁放入浓硝酸中浸渍后，再放入稀硝酸中，铁不再受到腐蚀。如图9-1所示。

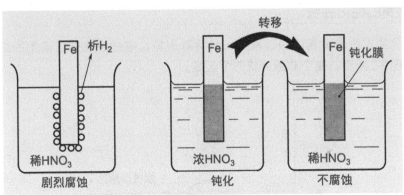

图9-1　铁在不同浓度的酸中腐蚀情况示意

化学钝化

金属与氧化剂（亦称钝化剂）之间因化学作用产生的钝化称为化学钝化。例如钢铁的"发蓝"，就是利用$NaNO_2$和$NaOH$在高温下，使金属表面生成一层蓝黑色钝化膜，提高了其耐蚀性。另外，一些金属如铝、铬、钛等能被空气中的和溶液中被溶解的氧所钝化。这些金属常被称为自钝化金属。

阳极钝化

利用外加电流（将金属与直流电源的正极相连）使之变成阳极而阳极极化并获得钝态，称为阳极钝化或电化学钝化。例如，18-8不锈钢在30% H_2SO_4中会剧烈地腐蚀，但当通以一定的阳极电流，可使其表面钝化。不锈钢从活态变成了钝态，腐蚀速度迅速降低，甚至可降低到原来的数万分之一。

重要提示

金属从活态变成钝态，对这一钝化现象的定义虽有多种说法，但必须着重强调以下几点：

🔘 金属的电极电位显著地向正值方向跃升。

🔘 金属表面发生了某种突变，有吸附的或成相膜存在，而不是金属整体性质的变化。

🔘 钝化了的金属，其腐蚀速度有大幅降低，呈现出具有高耐蚀性这一钝性特征。

9.2 金属钝化的特性曲线

金属的钝化曲线

钝化的发生是金属阳极过程中一种特殊现象，描述钝化过程典型的阳极极化曲线如图9-2所示，整个曲线分成四个区域。

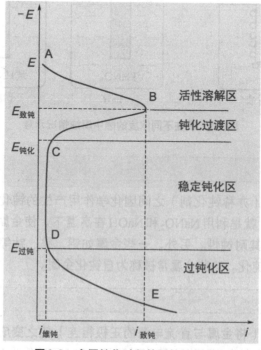

图9-2 金属钝化过程的阳极极化曲线

- **A～B区：活性溶解区域**

  该区中的金属处于活性溶解状态，金属以低价离子形式溶解后成为水化离子。

$$M \longrightarrow M^{n+} + ne$$

对于铁来说即为

$$Fe \longrightarrow Fe^{2+} + 2e$$

曲线从腐蚀电位出发，电流随电位升高而增大，基本上服从塔菲尔规律。

- **B～C区：钝化过渡区**

  当电位继续升高，过B点时，金属表面发生突变，开始钝化。此时阳极过程沿着BC向CD过渡，电流急剧下降。在金属表面上可能生成二价到三价的过渡氧化物，B点对应的电位和电流分别称为致钝电位（$E_{致钝}$）和致钝电流密度（$i_{致钝}$）。

- **C～D区：稳定钝态区**

  此时金属以维钝电流密度（$i_{维钝}$）的速度溶解。而$i_{维钝}$基本上与电极电位无关，金属表面生成耐蚀性好的高价氧化物膜。如对于铁为

$$2Fe + 3H_2O \longrightarrow \gamma\text{-}Fe_2O_3 + 6H^+ + 6e$$

- **D～E区：过钝化区**

  金属进入过钝化区，电流再次随电位升高而增大，这可能是氧化膜进一步氧化，成更高价态的可溶性化合物，膜被破坏使腐蚀再次加剧。如不锈钢中形成六价铬离子形式就属于此类情形。另外也可能是发生新的阳极过程，如氧的析出，也会使电流增大。

  可见，在腐蚀体系中，只要能使金属钝化，并能控制其在稳定钝化区的电位范围内，就可利用金属的钝性达到防腐蚀的目的。

阳极钝化的重要参数

- $i_{致钝}$，致钝电流密度。它越小越好，这表明实施保护时致钝容易。
- $i_{维钝}$，维钝电流密度。它越小越好，这说明实施保护后的效果好。
- $E_{钝化}～E_{过钝}$，稳定钝态电位范围。它越宽越好，表明维钝控制容易且稳定。

9.3　钝化理论

关于钝化，主要有两种理论。

成相膜理论

- 该理论认为，金属钝化是由于在金属表面生成了致密的且覆盖性良好的保护膜。
- 这种保护膜作为一个独立相存在，把金属和溶液机械地隔离开，致使金属腐蚀速度大为降低。

吸附理论

- 该理论认为，引起钝化并不一定要形成成相膜，只要在金属表面生成氧或含氧粒子的吸附层就足够。
- 吸附大大提高了阳极反应的活化能，导致金属腐蚀速度显著降低。

值得注意

　　吸附论者并不否认钝化膜的存在，而只是认为钝化膜不是钝化的起因，而是钝化的结果。

9.4　钝态破坏引起的腐蚀

　　金属上膜的存在，只是动力学受阻致使腐蚀速度降低而已，此时虽然腐蚀速度很小，但并不是百分之百停止。从热力学角度上看，钝态下的金属仍具有很高的不稳定性，一旦钝化膜破坏，金属就会以很高的溶解速度腐蚀。

氯离子对钝化膜的破坏

　　不锈钢在NaCl溶液中的"环状"阳极极化曲线如图9-3所示。

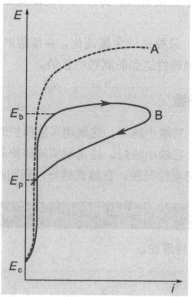

图9-3　不锈钢在NaCl溶液中的"环状"阳极极化曲线

　　溶液中不含Cl⁻时，不锈钢阳极极化曲线（E_cA）中，稳定钝化电位区间较宽。
　　如果溶液中加入Cl⁻，当电位升至孔蚀电位E_b（又称击穿电位）时，阳极溶解电流密度开始显著增大，表面开始产生小孔。当极化电流达到预定值后，电位立即以一定速度回扫（BE_p），电流再次回到钝态电流密度，此时钝化膜已重新修复好而回到钝化状态，E_p 称再钝化电位或保护电位。

当 $E > E_b$ 时，金属发生孔蚀；

$E_b > E > E_p$，金属表面已有的蚀孔继续生长，但不再产生新的蚀孔。

$E < E_p$，金属处于钝态。

由上可知：

- Cl^- 的活化作用，使它成为金属腐蚀的促进剂，对钝态的建立和破坏起特殊作用。
- Cl^- 对钝化膜的破坏，只出现在一定的电位范围内。
- E_b，E_p 可以用来衡量不锈钢钝化状态的稳定性及耐蚀性。但要注意 E_b 值与扫描速度有关，E_p 与回扫的电流密度有关，所以只有在相同的测试条件下，才能用 E_b，E_p 值来相对比较不锈钢的耐孔蚀能力和再钝化能力。

氯离子破坏钝化的机理

- 成膜论者认为，由于 Cl^- 半径小，穿透力强，它最容易穿透膜中极小的孔隙与基体金属相互作用，形成可溶性化合物，导致局部腐蚀发生。
- 吸附论者认为，Cl^- 具有很强的可被金属吸附的能力，而且溶液中的 Cl^-、溶解 O_2 或 OH^- 在 Fe、Cr 等金属表面存在着竞争吸附，原来被吸附的 O_2 可被 Cl^- 替代，从而使原来耐蚀性好的络合物（金属-氧-羟水合络合物）膜转变成可溶性的络合物（金属-氧-羟-氯络合物）膜，使膜被破坏，形成局部腐蚀。

过钝化及其腐蚀

在化学钝化中，由于强氧化剂介质的作用，金属进入过钝化区，使表面形成可溶性或不稳定的化合物，腐蚀速度重新增大。例如 18-8 不锈钢在高浓度硝酸中会形成可溶性的高价铬的化合物，发生强烈的过钝化腐蚀。

阳极钝化中，当被保护设备电位过高进入了过钝化区时，也会发生过钝化腐蚀。例如在化肥工业中，碳钢在碳化生产液中阳极电位升高到 0.8 V（SCE）以上时，也同样会进入过钝化区，此时，铁被氧化成更高价的可溶性化合物（FeO_4^{2-}），使腐蚀加剧。

重要启示

- 金属材料的钝化，是在其表面生成了吸附的或成相的钝化膜，使腐蚀速度大大降低，腐蚀过程动力学受阻。
- 此时，钝化的金属所处的能位很高，能位高就仍具有较大的腐蚀倾向。一旦因某种因素使钝化膜遭破坏，则金属会以很高的速度腐蚀着。因此，在工程上应用时特别要注意！

9.5 钝性的利用

金属材料的合金化，提高其耐蚀性

将某些易钝化的金属如Ti、Al、Cr、Mo等和钝化性弱的金属组成固溶体合金，可使钢表面易形成钝化膜，显著提高钢的耐蚀性及其他性能。

● 如图9-4所示，铬是不锈钢获得耐蚀性最基本的元素，在氧化性介质中使钢表面很快生成Cr_2O_3保护膜，而且钢中含Cr量越高，其耐蚀性越好。这种膜一旦被破坏，也会很快修复。

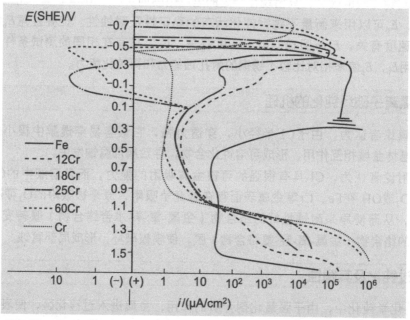

图9-4 Fe，Cr及Fe-Cr合金在1moL/L H_2SO_4溶液中的阳极钝化曲线（25℃）

● 钼也是不锈钢中重要的合金元素，通常添加2%～3% Mo时，钢的表面能形成富钼氧化膜。钼能有效地提高钢的孔蚀电位E_b，可抑制因Cl^-侵入而产生的孔蚀，当铬和钼配合使用时，抗孔蚀效果更佳。

铝合金阳极氧化，增加厚度，改善性能

铝是热力学稳定性很差的金属，非常容易腐蚀。但在使用中却呈现出良好的耐蚀性。这是由于在大气中铝表面总是自然形成一层很薄的保护性氧化膜，这层表面氧化膜的钝性、结构和状态决定着铝的耐蚀性能。

铝合金材料具有一系优良的物理、化学、力学和加工性能，可满足从生活到尖端科技，从建筑、装潢业到交通运输业和航空航天等国民经济各部门对铝合金

材料提出的各不相同的使用要求。但自然形成的氧化膜，其耐蚀性、耐磨性等毕竟有限。因此，通过阳极氧化技术，人工增强氧化膜厚度并改善各种性能，目前已成为扩大铝合金应用范围、延长使用寿命不可缺少的环节。

● **铝的氧化膜厚度（表9-1）**

表9-1　各种铝和铝合金氧化膜的厚度

氧化膜生成条件	氧化膜厚度
纯铝或Al-Mg合金自然氧化（<300℃）	1 ～ 3nm
常规阳极氧化壁叠膜	0.25 ～ 0.75μm
常规保护性阳极氧化膜（如硫酸中阳极氧化）	5 ～ 30μm
硬质阳极氧化膜（工程用）	25 ～ 150μm

● **铝阳极氧化膜的特性**

❶ 硬度高，耐磨、耐蚀性好，且电绝缘性高。

❷ 可着色，能获得和保持丰富多彩的外观，提高装饰效果，也改进了耐蚀、耐候性能。

❸ 可有效提高有机涂层和电镀层的附着力和耐蚀性。

❹ 利用阳极氧化膜的多孔性，在微孔中沉积功能性微粒，可获得各种功能性涂料。正在开发中的部件功能有电磁功能、催化功能、传感功能和分离功能等。

● **铝合金阳极氧化技术的应用**

铝的表面处理中，阳极氧化（钝化）是应用最广、最成功的技术。21世纪初我国建筑用铝材接近铝总消费的30%，而建筑铝型材中阳极氧化技术占据市场60%以上。由于铝的阳极氧化膜有一系列的优越性能，又可满足多样性需求，随着阳极氧化技术的研究和开发的深入，应用前景非常广阔。

此外，阳极保护技术、阳极型缓蚀剂等也是利用钝性的防腐蚀方法，详见后续章节。

10 电极电位的测量

在实际腐蚀体系中，虽然电极电位的大小与金属腐蚀速度间并没有简单的对应关系，但是电极电位是金属在电解质溶液中电化学状态的表征，所以它的测定在研究金属腐蚀行为以及分析腐蚀过程时都具有重大的意义。

10.1 电极电位测量的意义

电极电位测量可用于：

⬤ 腐蚀体系的稳态自腐蚀电位E_c的测量；

⬤ 体系在无外加电流作用下，自腐蚀电位随时间变化（E_c-t曲线）的测定；

⬤ 金属在外加电流作用下的极化电位E的测量，包括恒电位及恒电流极化时电极电位的测定、恒电流条件下电位随时间的变化等。

例如，电位随时间变化的几种情况如图10-1所示。

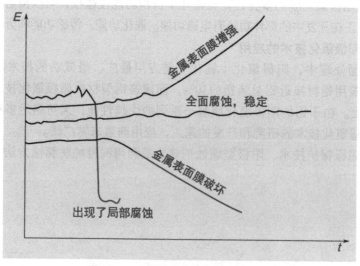

图10-1　几种电位-时间曲线的示意

实际腐蚀体系中，由于影响因素较多，E-t曲线较为复杂。一般来说，如电位随时间变化趋于"正"表示保护膜增强；相反，电位随时间变化向"负"移动，常表明金属表面的保护膜被破坏；全面腐蚀时电位随时间变化较稳定；若出现局部腐蚀，电极电位通常会发生突变。

可见，电极电位的测量是一种很有用的研究金属腐蚀的工具，目前已广泛用于研究各种局部腐蚀的腐蚀过程鉴别和机理中。

10.2 电极电位的测试系统

电极电位的测量电路

- 测量自腐蚀电位的电路，见图10-2左半部分（虚线左边的部分）。
- 极化电位的测定电路即图10-2全部（包括极化回路和电位测量回路）。

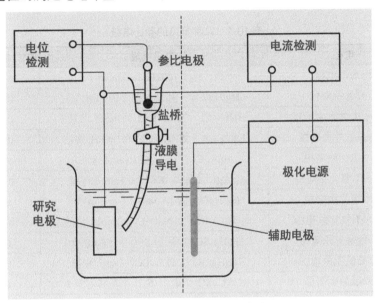

图10-2　电极电位的测量电路

测量仪器

- 直流数字电压表，是测量电极电位的理想工具。其优点：测量准确度与灵敏度高；输入阻抗高，测量速度快；操作简单，读数方便，数字显示；数码输出，便于遥测和自动控制等。
- 运算放大器构成的高压电压表、各种类型的晶体管高阻电压表，测量电极电位也较方便。

10.3 电极电位测量中的几个问题

参比电极的选用

　　电极电位测量中必要条件之一是要有一个电位稳定、可靠的参比电极。参比电极最好是一种可逆的平衡电极体系，在规定的条件下具有恒定的电极电位。

- **参比电极的选择原则**

　❶ 一定条件下电位相对稳定，不随时间而变，温度系数小。

❷ 电极的交换电流密度较高，是不极化或难极化的电极体系。

❸ 耐介质腐蚀，不污染介质。

❹ 结构坚固，电极的制造、保养和使用方便。

常用的一些参比电极

参比电极种类很多，有标准的商品型号，也有自制的非标准类型（表10-1）。

表10-1　几种常见的参比电极

电极	电极组成	电位（25℃）/ V
标准氢电极	Pt，H_2（100kPa）|H^+（$a=1$）	0
饱和甘汞电极	Hg|Hg_2Cl_2（固），KCl（饱和溶液）	0.2415
1mol/L甘汞电极	Hg|Hg_2Cl_2（固），KCl（1mol/L溶液）	0.2800
0.1mol/L甘汞电极	Hg|Hg_2Cl_2（固），KCl（0.1mol/L溶液）	0.3338
标准氯化银电极	Ag|AgCl（固），KCl（$a=1$溶液）	0.2223
0.1mol/L氯化银电极	Ag|AgCl（固），KCl（0.1mol/L溶液）	0.2881
标准氧化汞电极	Hg|HgO（固），NaOH（$a=1$溶液）	0.098
0.1mol/L氧化汞电极	Hg|HgO（固），NaOH（0.1mol/L溶液）	0.169
饱和硫酸亚汞电极	Hg|Hg_2SO_4（固），SO_4^{2-}（饱和溶液）	0.658
标准硫酸亚汞电极	Hg|Hg_2SO_4（固），SO_4^{2-}（$a=1$溶液）	0.615
饱和硫酸铜电极	Cu|$CuSO_4$（固），SO_4^{2-}（饱和溶液）	0.300

应用中的注意事项

● 应尽量选择与腐蚀体系相应溶液的参比电极。例如：

甘汞电极应用在含有Cl^-的溶液中；

硫酸亚汞电极最好用在硫酸或硫酸盐溶液系统中；

氧化汞电极用于碱性溶液中。

● 现场（如电化学保护）应用还需固体参比电极，因这种电极结实、牢固，便于安装，使用方便。例如：纯Zn因交换电流密度大，电位容易稳定，可作为较好的固体参比电极，应用广泛。

盐桥的使用

盐桥中装入正负离子迁移速率与测试体系的大致相同的电解质溶液。

● **盐桥的作用**

当参比电极的溶液与测试体系的溶液不同时，应使用盐桥。一是减小液接电位，二是防止或减少溶液污染。

● **盐桥的形式**

一种是用液膜导电的旋塞型（图10-3左）；一种是在盐桥液中加凝固剂，如加入琼脂，使溶液呈半凝胶冻状态（图10-3右）。目的都是能使溶液导电，又能降低溶液扩散渗漏的速度。

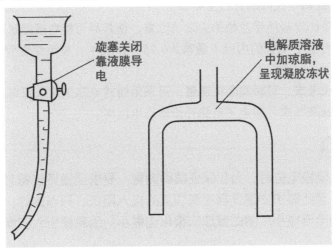

旋塞关闭靠液膜导电

电解质溶液中加琼脂，呈现凝胶冻状

图10-3　不同的盐桥形式

测试系统的阻抗匹配

测量电极电位实际上是测量被研究电极（工作电极）与参比电极组成的原电池的电动势，从而获得电极电位（图10-4）。

● 如果测量回路中有电流通过，工作电极与参比电极都会发生极化，使电极电位发生偏离，误差大，影响结果，且参比电极也不允许有较高的电流通过，以免损坏。

● 测试系统内的内阻因电流而产生欧姆电压降，也会影响结果的准确性。

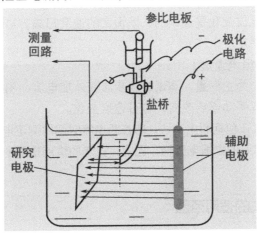

参比电极

测量回路

极化电路

盐桥

研究电极

辅助电极

图10-4　极化电位测量示意

溶液的欧姆电压降

测定极化电位时，研究电极和参比电极之间的溶液，由于极化回路中外加极化电流而产生欧姆电压降IR，它们将会包括在实测电位中造成测量误差。

消除溶液欧姆电压降的方法主要有：

● 可以移动参比电极所带盐桥的尖端的位置，使其尽可能地接近研究电极。

● 减小盐桥鲁金毛细管的内径（通常为0.25~1mm），使毛细管管端适当接近研究电极表面。

● 从测试方法考虑：可瞬间断电测量；可采用桥式电路消除欧姆电压降。

● 从测量仪器来考虑：用电子电路补偿欧姆电压降。

值得注意

在测量电极电位时，为了保证精确测量，要求测量系统和测试仪表阻抗相互匹配。因此要求测量仪器应有较高的输入阻抗。只有这样，才能使流过测量回路的电流很小，由此造成的极化也很小，因测量引入的误差也就相应地很小。

10.4 稳态极化的实现和测量

稳态极化实现的控制方式

● 控制电位方式（恒电位法）

以电极电位作主变量，测试时逐步改变电极电位，测定相应的极化电流大小。按电位的变化方式又分为：

① 静电位法，电位变化可以是手动逐点变化（经典恒电位法）；

② 动电位法，电位变化是连续的，以恒定的速度扫描，电位扫描速度应保证测试体系达到稳定。

● 控制电流方式（恒电流法）

① 以极化电流作为主变量，测试时逐步改变外加电流，测定相应的电极电位数值。电流可以手动逐点改变，也可连续变化。

② 控制电流方式还包括断电流法，即在断电流时间内测定电极电位，此时测出的电位不包括溶液的欧姆电压降，因此，该法的优点是能全自动地消除溶液的欧姆极化。

不同控制方式的适用范围

恒电位法与恒电流法各有优缺点和各自的适用范围。

- 恒电流法
  ❶ 适用电极电位是极化电流的单值函数的情况。此时恒电位与恒电流所得结果是相同的。
  ❷ 使用仪器比较简单，也易于控制，适用于一些不受扩散控制的电极过程或电极表面状态不发生很大变化的电极反应。
- 恒电位法
  ❶ 适用电极电位不是极化电流的单值函数，即同一电流可能对应多个电位值的情况。此时只能用恒电位法，若用恒电流法就测不到完整的钝化曲线。如图10-5所示。

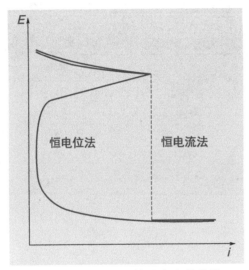

图10-5 不同方法测得阳极极化曲线

  ❷ 需要专门制造的恒电位仪，实验操作较为复杂，但适用的范围较广。

腐蚀问题解析篇

解析各种环境下的腐蚀过程
以寻找经济有效的防护途径

金属的局部腐蚀电化学

金属腐蚀从腐蚀形貌来分，有全面腐蚀和局部腐蚀。

全面腐蚀是指腐蚀在整个表面上进行。这类腐蚀可以预测和及时防止，危害性相对较小。

局部腐蚀只集中在金属表面某一区域，而表面其他部分则几乎不腐蚀。这类腐蚀往往在事先没有明显征兆下就瞬间发生破坏，所以腐蚀难以预测和防止，危害极大。

据统计，化工设备的破坏事例中，各种局部腐蚀所引起的竟占85%以上。可见，实际生产中局部腐蚀远比全面腐蚀的破坏大得多。

11.1 局部腐蚀的两种情况

发生在钝化金属的表面

此种情况下，金属绝大部分表面处于钝态，腐蚀速度小到几乎可以忽略不计。但有局部很小的表面区域腐蚀速度很高（见图11-1）。一个部分与另一部分的腐蚀速度有时可相差几十万倍。例如，钝性金属表面的孔蚀、缝隙腐蚀以及晶间腐蚀、应力腐蚀等就属于这种情况。

图 11-1　LENNOXG21天然气采暖炉系统中换热器的腐蚀

金属表面各部分的腐蚀速度极不均匀

此种情况下，金属表面各部分间的阳极溶解速度有较大的差异，以致在表面上腐蚀深度显现出很明显的不均分布。对于这种腐蚀，习惯上也称为局部腐蚀。例如，不锈钢在海水中发生的坑蚀，流体中的磨损腐蚀（见图11-2）等。

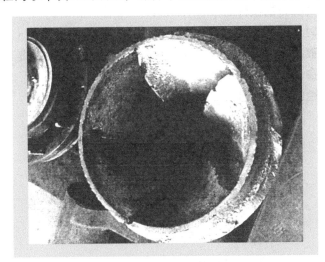

图11-2　某厂304不锈钢液泵运行1年的磨损腐蚀

11.2　导致局部腐蚀的电化学条件

局部腐蚀发生的条件

● **必要条件**

金属表面不同区域的腐蚀遵循不同的阳极溶解动力学规律，即具有不同的阳极极化曲线。

这使局部表面区域的阳极溶解速度明显地大于其余表面区域，由此局部腐蚀才能得以开始。

● **充分条件**

随着腐蚀的进行，金属表面不同区域的阳极溶解速度的差异不但不会减小，甚至还会加强。

这使局部腐蚀持续进行，最终形成严重的局部腐蚀。

● **条件分析**

上述"必要"和"充分"两个条件缺一不可。例如，金属中如有少量细小的阳极相夹杂物，尽管一开始阳极相夹杂物的溶解速度要比其余表面的阳极溶解速度大得多，但随着腐蚀的进行，阳极夹杂物因溶解而消失，这就使表面各部分的阳极溶解速度不再有较大的差异。即使再出现新的阳极夹杂物，也已不是在原来的位置，这就不能最终形成严重的局部腐蚀。

局部腐蚀条件的形成

● **金属材料本身具备的条件**

材料本身有时具备局部腐蚀发生的条件，如镀锡层的钢铁中（图11-3）。锡是属阴极性的镀层，镀层微孔或损伤处裸露出来的基体钢铁就是阳极，且面积相对较小，故会以很高的阳极电流密度溶解。而锡镀层是阴极，溶解速度很小，所以随着腐蚀的进行，这两部分的溶解速度差异不会减弱。

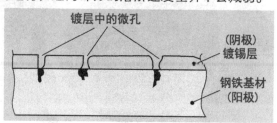

图11-3　带有阴极性镀层的钢材

● **随腐蚀过程的进行，次生效应引发的条件**

金属本身并不具备如必然发生的条件，腐蚀一开始，整个表面都遵循相同的阳极溶解动力学规律［如图11-4（a）］。但随着腐蚀过程的不断进行，次生效应引发金属表面不同区域（缝内和缝外）之间阳极溶解产生了差异［见图11-4（b）］，而且这种差异随腐蚀的进行不仅不会消失，甚至还可能有所加强，最终导致了严重的局部腐蚀。

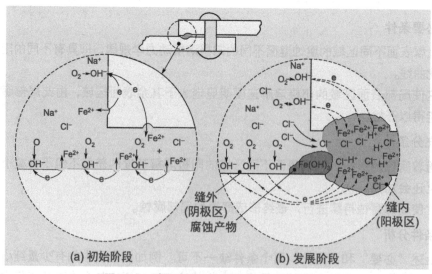

图11-4　碳钢在海水中缝隙腐蚀过程的示意

11.3　局部腐蚀中腐蚀电池的特点

全面腐蚀中的电池，阴、阳极尺寸非常小，相互紧靠难以区分，大量的微阴极、微阳极在金属表面随机分布着，因而可把金属的自溶解看成是在整个电极表面均匀进行。而局部腐蚀中却不同，它具有以下特点。

阴阳极截然分开

局部腐蚀中的电池，阴阳极区毗连但截然分开。大多数情况下，具有小阳极-大阴极的面积比结构，而且随$S_阴/S_阳$面积比的增大，阳极区的溶解电流密度随之加大，这要比全面腐蚀的速度大得多。例如，孔蚀中的孔内（小阳极区）和孔外（大阴极区），晶向腐蚀中的晶界（小阳极区）和晶粒（大阴极区），缝隙腐蚀中缝内（小阳极区）和缝外（大阴极区）等。

闭塞性

局部腐蚀中的电池，其阳极区相对阴极区要小得多。因此，腐蚀产物易堆积并覆盖在阳极区出口处，这就会造成阳极区内的溶液滞留，与阴极区之间物质交换困难，这样的腐蚀电池又称闭塞电池。

11.4 供氧差异腐蚀电池

供氧差异电池与氧浓差电池相似之处

- 两者均是由氧供给的不同而造成。
- 金属表面与富氧的溶液接触区域，电位较高成为电池的阴极；与缺氧溶液接触的区域电位较低，成为电池的阳极，都会加重腐蚀。

但是，这两种电池的工作和作用有本质的区别。

氧浓差电池引起的腐蚀

如水线腐蚀，长输管线在通过不同土质时形成的充气不均引起的腐蚀均属此类。其极化图解如图11-5所示。

- 电位的高低是用热力学中描述平衡电位的能斯特方程来解释的。缺氧区电位较低成为阳极；而富氧区的电位较高，成为阴极。
- 这两个不同电位的金属表面区域中，阳极过程都遵循相同的阳极溶解动力学规律，即阳极极化曲线均为M。
- 表面构成电池后，两个不同电位E_1、E_2彼此极化至相同电位E_c，两部分的阳极溶解电流密度也都等于i_c。此时，与富氧的溶液接触的金属表面（阴极）的腐蚀降低了（从i_2降至i_c），而与缺氧的接触的部分（阳极）腐蚀被加速了。只是从i_1升至i_c，腐蚀电流不是很大。

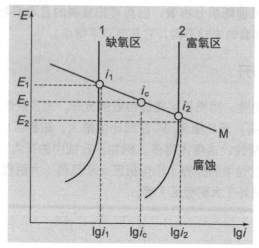

图11-5　钢铁在缺氧区和富氧区中的腐蚀情况（氧浓差电池）

供氧差异电池引起的腐蚀

这类腐蚀的极化图见图11-6。

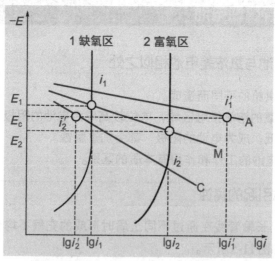

图11-6　缺氧区和富氧区阳极曲线的变化情况（供氧差异电池）

- 工程用材如钢铁在实际的溶液中的电位，不是平衡电位而是腐蚀电位，其大小是用动力学公式计算出来的。同样可得到，与缺氧的溶液接触部分电位E_1较低，成为阳极区；与富氧的溶液接触部分电位E_2较高，成为阴极区。

- 随着腐蚀的进行，虽电位彼此极化至相同的电位E_c，但电位不同的区域阳极溶解动力学规律发生了很大的变化，不再遵循着原先的同一规律（曲线M）。此时，与富氧接触的阴极区阳极溶解更困难了，极化曲线由M变成了C，溶解电流密度由原先的i_2降低到i_2'；而与缺氧接触的阳极区，阳极溶解更容易了，极化曲线由M变成了A，溶解电流密度由原先的i_1跃升到i_1'，腐蚀大大被加剧（$i_1' \gg i_1$）。

- 供氧差异电池形成并工作，由于它的阳极区面积特别小，具有小阳极-大阴极的面积比的特殊结构。因此，阳极区内介质成分不断变化，这种变化随腐蚀的进行，不但不会减弱，还可能增强，最终会导致严重的局部腐蚀。

11.5 自催化效应

局部腐蚀的条件一旦形成，其腐蚀的发展非常迅速。这与自催化过程的作用密切相关。

以不锈钢在NaCl水溶液中的孔蚀发展情况为例，尽管孔蚀的起因与缝隙腐蚀不同，但其发展过程相同，如图11-7所示。

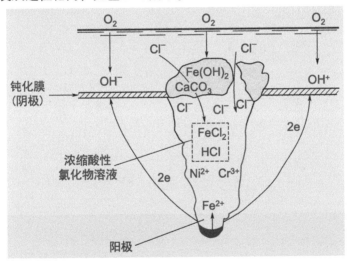

图11-7　不锈钢在充气NaCl溶液中孔蚀的闭塞电池示意图

蚀孔一旦形成，阴阳极分区，"供氧差异电池"形成。孔内处于活态，电位较负，成为阳极；孔外处于钝态，电位较正，为阴极。显然该电池又具有小阳极-大阴极面积比结构，容易使腐蚀产物覆盖在孔口，使孔内溶液呈滞流状态，且具有闭塞性。这种电池又称为"闭塞电池"，其工作过程如下：

❶ 随腐蚀进行，孔内金属阳离子浓度不断增加；

❷ 为保持溶液电中性，孔外氯离子大量向孔内迁入，孔内的金属氯化物聚集；

❸ 氯化物发生强烈水解，使孔内介质酸度增大，例如 Cr18Ni12Mo2Ti 不锈钢孔内氯离子聚集可达6mol/L，pH值接近于零；

❹ 酸化又促进阳极溶解，又使孔内金属阳离子增多……

重复❶~❹步，如此循环下去，很快腐蚀穿孔。

可见，供氧差异电池工作结果，是孔内阳离子增多，造成金属氯化物聚集，促使介质酸化，导致孔内金属阳极溶解动力学行为发生改变，使腐蚀加剧。这种使腐蚀自动加速的作用被称为自催化效应，最终发生严重的局部腐蚀。

重要启示

◎ 在腐蚀过程中，一旦阴阳极分区，供氧差异电池形成，促使闭塞电池形成，其工作的结果就是自催化效应，最终促使严重的局部腐蚀发生。

◎ 实际生产中，由于种种原因，在设备或构件上往往会存在闭塞条件（如微孔、缺陷、特小的缝隙等），容易形成供氧差异电池，导致严重的局部腐蚀。而且随电池中 $S_{阴}/S_{阳}$ 面积比的增大，电池的闭塞程度加大，自催化效应强化。因此注意避免闭塞条件的形成，对于防止局部腐蚀是很有效的。

12 常见的局部腐蚀形态

腐蚀是从金属的表面开始的，根据腐蚀本身显示的形貌来鉴别和分析是很方便的。在大多数情况下光用肉眼就行，有时要结合放大手段。仔细观察腐蚀的材料和设备，尤其是在清理之前的观察，常常能获得解决腐蚀问题有价值的资料。

12.1 电偶腐蚀

概念

异种金属在同一介质中接触，由于腐蚀电位不等就有电偶电流产生，使电位较低的金属溶解速度增加，造成接触处的局部腐蚀；而电位较高的金属，溶解速度反而减小，这就是电偶腐蚀，亦称接触腐蚀或双金属腐蚀。如图12-1所示。

图12-1　不锈钢螺钉与中碳钢板材连接后的电偶腐蚀现象

在实际工程中电偶腐蚀难以避免，又如：

- 某海水冷凝器中，列管和花板用石墨制成而外壳是用碳钢制成。物料走管内，海水走管外，使用半年后，外壳腐蚀穿孔（图12-2），这是由于碳钢-石墨电偶腐蚀。

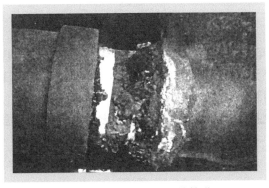

图12-2　受到电偶腐蚀的管道

● 黄铜零件和镀锌管连接时，镀锌管为阳极加速溶解。

值得注意

> 有时，循环冷却系统中的铜零件上腐蚀下来的铜离子可通过扩散，在碳钢设备表面进行沉积，沉积的疏松的铜粒子与碳钢之间便形成了微电偶，从而引起了碳钢设备严重的局部腐蚀。看起来，似乎这两种金属没有直接接触，但这种特殊条件下还是形成了电偶腐蚀。

电偶序与电偶腐蚀倾向

● 电偶腐蚀的倾向不能用电动序（按金属标准电极电位大小排列的顺序表）来准确判断，要特别注意它的局限性。

在实际腐蚀体系中应用时如图12-3所示，以海水中Al、Zn接触的情况为例，应该是Zn被腐蚀。

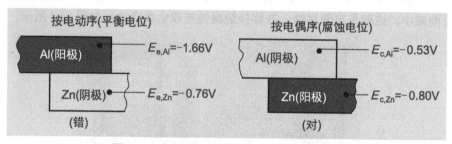

图12-3　电偶腐蚀极性的判断（应按电偶序）

● 实际应用的工程材料，多数是合金且材料表面均有氧化膜存在，又是在不含本身离子的体系中。这与标准状态下电位形成的条件相差太大，因此，要对实际使用中的电偶腐蚀倾向进行判断，用电偶序更符合具体情况。

● 电偶序是按金属在同一种介质中的腐蚀电位大小顺序排列成的序列表（表12-1）。

值得注意

> 要仔细观察电偶腐蚀过程中情况的变化，有时可能使极性倒转。例如碳钢-1Cr13在含S汽油、水混合物中（120℃），开始时，Fe（阳极）/1Cr13，而后来变成了FeS/1Cr13（阳极）。
>
> 可见电偶腐蚀较为复杂，要兼顾热力学和动力学两方面，具体问题具体分析。

表 12-1　部分金属在海水中的电偶序（常温）

镁	（阳极性）
镁合金	
锌	
铝	
镉	
杜拉铝（硬铝、飞机合金等）	
铸铁、软钢	
铁铬合金（活化态）	
高镍铸铁	
18-8 型不锈钢（活化态）	
锡焊条	腐蚀电位依次增加 ↓
铅	
锡	
因科镍（铬镍铁合金）（活化态）、镍（活化态）	
镍铬钼合金、耐酸镍基合金（哈氏合金-2）	
蒙乃尔（耐蚀高强度镍铜合金）、铜镍合金	
青铜、铜、黄铜	
银焊条	
因科镍（钝态）、镍（钝态）	
18-8 型不锈钢（钝态）	
银	
钛	
石墨	
金	
铂	（阴极性）

影响电偶腐蚀的重要因素

- **面积比$S_{\text{阴}}/S_{\text{阳}}$的影响**

面积比增大，腐蚀加剧。

特别要避免小阳极-大阴极的不利结构（如图12-4）。尤其是紧固件，因螺钉是小阳极，它能很快腐蚀掉，使其散架，失去紧固作用。

- **介质导电率影响**

导电率高：电偶电流可发散到离接触处更远的地方，阳极的腐蚀较均匀。

导电率低：电偶电流主要流入接触处附近，造成严重的局部腐蚀而穿漏，故不能误认为此时的腐蚀不严重。

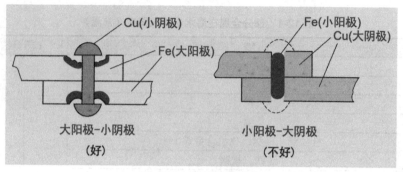

图12-4　面积比的影响

电偶腐蚀的控制途径

● 在设计时，应避免异种材料接触，若不可避免时，应尽量选取电偶序中位置相隔较近的金属，或进行表面处理，或绝缘。

● 切记避免小阳极-大阴极不利的连接结构，尤其是对紧固件。

12.2　孔蚀

概念

在金属的表面局部区域出现向深处发展的腐蚀小孔，其余部分不腐蚀或很轻微的现象即为孔蚀。

● 发生的可能范围

❶ 具有自钝化特性的金属和合金（如不锈钢、铝及其合金等）在含Cl^-的介质中。

❷ 碳钢表面的氧化皮或锈层有孔隙的情况，在含Cl^-的水中。

● 形貌特征

❶ 蚀孔小（直径数十微米），且深。

❷ 孔口多数有腐蚀产物覆盖，少数无产物覆盖而呈开放式。

❸ 从起始到暴露有一个腐蚀诱导期。

❹ 蚀孔沿重力方向或横向发展，蚀孔往往发现难，易造成突发性事故。

孔蚀机理

● 孔蚀核的形成

❶ Cl^-优先吸附在钝化膜上替代O，形成可溶性的金属-氧-羟-氯水合络合物，露出基体上的特定点，成为蚀孔的活性中心。

❷ 钝化膜的缺陷处，蚀核可在这些点上优先形成。

❸ 外加阳极极化，当电位大于孔蚀电位时，出现蚀孔。

○ 蚀孔的长大

❶ 阴阳极分区，孔内为阳极，孔外为阴极。

❷ 腐蚀产物覆盖阳极出口，孔内溶液呈滞流状态，形成闭塞电池（活化-钝化电池）。

❸ 闭塞电池的工作，产生了自催化效应，其原理图见11.5节中的图11-7，其具体过程如图12-5所示。

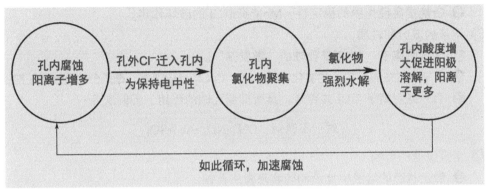

图12-5 闭塞电池形成

○ 碳钢孔蚀机制

碳钢表面的氧化皮不连续性或表面存在硫化物夹杂物，也可使它在含Cl^-充气的水中产生孔蚀，其机制如图12-6所示。

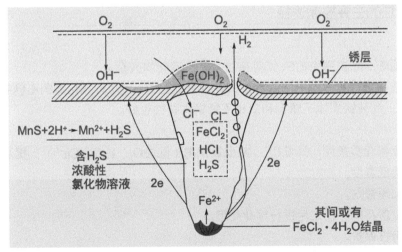

图12-6 起源于硫化物夹杂的碳钢孔蚀机理示意图

其特点是：孔口形成腐蚀产物壳，能阻止孔外的溶解氧向孔内扩散，从而形成闭塞电池。

孔内出现的MnS夹杂物，对蚀孔的形成也起促进作用，硫化物溶解形成的H_2S也使孔内酸化，加速阳极溶解。由于硫化物的电位比基体金属高，故蚀孔在基体金属侧发展。

影响孔蚀的因素

- 金属或合金的性质和成分
  ❶ 自钝化性能高，敏感性升高。
  ❷ 降低钢中S、P、C等杂质元素，可减小孔蚀敏感性。
  ❸ Cr能提高钝化膜的稳定性；Mo能抑制Cl^-的破坏作用。
- 溶液的成分和性质
  ❶ 活性阴离子，如Cl^-是孔蚀的"激发剂"。
  ❷ 有氧化性金属阳离了的氯化物如$FeCl_3$、$CuCl_2$、$HgCl_2$等，是强烈的孔蚀促进剂。
  ❸ 有一些阴离子与Cl^-共存时，具有抑制孔蚀的作用，抑制次序：

$$对于不锈钢：OH^->NO_3^->Ac^->SO_4^{2-}$$

- 溶液流速的影响
  ❶ 静止状态的溶液中比流动的容易发生孔蚀。
  ❷ 流速增大，O_2增多，金属易钝化，沉积物减少，孔蚀减少；流速更大时，局部腐蚀加剧。
- 表面状态的影响
  表面粗糙、残留焊渣、积灰屑时，孔蚀严重。

孔蚀的主要控制途径

- 内因
  ❶ 精炼：除去钢中的S、C等杂质，减少硫化物夹杂。
  ❷ 选用耐蚀合金：Ti和Ti合金抗孔蚀性能最好；含Cr、Mo高的不锈钢抗孔蚀较好；高纯铁素体不锈钢和双相不锈钢抗孔蚀也好。
- 外因
  ❶ 改善介质条件：降低Cl^-；减少氧化剂（除去O_2、Fe^{3+}、Cu^{2+}）；提高pH值；降低温度。
  ❷ 加缓蚀剂。
  ❸ 设备及构件加工后进行钝化处理。
  ❹ 阴极保护。

12.3 缝隙腐蚀

概念

由于金属与金属或金属与非金属间形成特小的缝隙，其宽度为0.025～0.1mm，使缝内介质滞流而引起缝内腐蚀的加速，这种局部腐蚀即为缝隙腐蚀。

○ 发生范围

　不合理的设计和加工造成法兰连接处、螺母压竖面缝隙，焊缝气孔、锈层等与金属表面无形中形成了缝隙。又如砂泥积垢、杂屑等沉积在金属表面上，也形成了缝隙（图12-7）。

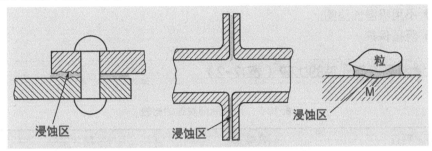

图 12-7　缝隙腐蚀举例

○ 特征

❶ 几乎所有金属和合金都会发生。具有自催化特性的金属，敏感性高。

❷ 几乎所有介质中都会发生，充气含活性Cl^-的中性介质中最易发生。

❸ 缝隙腐蚀的临界电位比孔蚀电位低，对同一种合金而言缝隙腐蚀更易发生。

缝隙腐蚀机理（图12-8）

○ 缝隙腐蚀起源于特殊的几何缝隙。

○ 阴阳极分区，缝内缺氧为阳极，缝外为阴极。

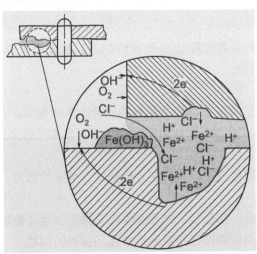

图 12-8　碳钢在中性海水中缝隙腐蚀示意图

○ 缝隙腐蚀扩展过程与孔蚀成长情况类似：供氧差异电池产生后，导致闭塞电池形成。

● 闭塞电池工作，产生自催化效应，最终产生严重的缝隙腐蚀。

缝隙腐蚀的控制途径

● 选用耐蚀合金，高Ni、Cr、Mo不锈钢较好。
● 合理设计，避免缝隙、死角等。
● 不用吸湿性垫圈。
● 阴极保护。

缝隙腐蚀与孔蚀的比较（表12-2）

表12-2　两种局部腐蚀的比较

项目	孔蚀	缝隙腐蚀
发生条件	起源于孔蚀核	起源于特小的缝隙
腐蚀过程	逐渐形成闭塞电池，闭塞程度大	迅速形成闭塞电池，闭塞程度小
环状极化曲线的特点	孔蚀E_b高，难发生在$E_b \sim E_p$间，原孔继续发展，不产生新孔	E_b低，易发生于$E_b \sim E_p$间，缝隙腐蚀可继续发展
腐蚀形貌	蚀孔窄而深	蚀坑广而浅

12.4　晶间腐蚀

概念

　　腐蚀沿金属或合金的晶粒边界和它的邻近区域发展，晶粒本身腐蚀很轻微，这种腐蚀称为晶间腐蚀。

● **腐蚀特征**

　　如图12-9所示，晶间腐蚀可使晶粒间的结合力大大削弱，严重时可使力学强度完全丧失。例如不锈钢遭受这种腐蚀，表面看起来还很光滑，但经不起轻轻敲击而破碎成细粒。

　　它不易检查，所以能造成设备的突发性破坏，危害性极大。

● **发生范围**

　　不锈钢、镍基合金、铝合金、镁合金等都是晶间腐蚀高敏感的材料。

　　在受热情况下使用或焊接过程都会造成晶间腐蚀的问题。

机理

　　主要的理论有下列几种。

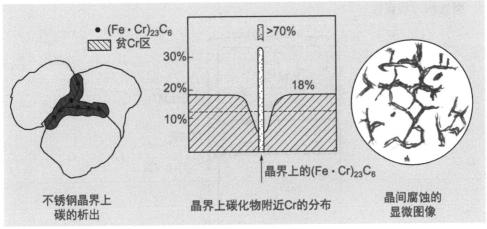

不锈钢晶界上
碳的析出

晶界上碳化物附近Cr的分布

晶间腐蚀的
显微图像

图12-9　晶间腐蚀的特征

- 贫化理论：不锈钢均相固溶体中的C是处于过饱和状态，在450～850℃敏化温度时，C以（Fe·Cr）$_{23}$C$_6$形式从奥氏体中析出，分布在晶界处，使晶界附近贫Cr，钝化破坏。

- 固熔体中S、P等杂质在晶界析出，晶界处被优先选择性溶解。

- 晶界杂质选择溶解理论。

不锈钢的晶间腐蚀

奥氏体不锈钢经固熔处理或加Ti、Nb等稳化元素后，一般不产生晶间腐蚀。但在设备制造过程中，焊缝往往是不可避免的，在焊缝附近却会产生严重的晶间腐蚀。

- **焊缝腐蚀**

  焊接过程中，温度处于敏化温度范围，会发生严重的焊缝腐蚀。

  ❶ 如未稳化处理的不锈钢上；

  ❷ 如腐蚀部位离焊缝尚有一定距离的区域，如图12-10所示。

- **刀线腐蚀**

  ❶ 发生在已稳化处理的不锈钢上。

  ❷ 腐蚀部位：紧靠焊缝处，腐蚀成深沟。这是由于在焊接温度950～1400℃下，不仅M$_{23}$C$_6$溶解，而且TiC、NbC也全溶解。当二次加热时，它们又重新沿晶界沉淀，优先被溶解。如图12-11所示。

可在焊接后再次采用适当的热处理，来防止焊缝

图12-10　不锈钢的焊缝腐蚀

腐蚀和刀线腐蚀。

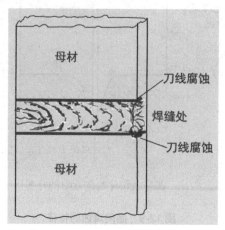

图 12-11　不锈钢的刀口腐蚀示意

晶间腐蚀的控制途径

● 重新固熔处理，防止碳化物沉积。
● 稳化处理，加Ti、Nb与C生成稳定碳化物。
● 超低碳（≤0.03%）不锈钢。该方法冶炼难，成本高。
● 采用双相钢，在奥氏体中含10%～20%铁素体钢，这种钢抗晶间腐蚀性能好。

12.5　选择性腐蚀

概念

　　选择性腐蚀中，合金不是按成分的比例溶解，而是其较活泼的组分发生优先溶解。其主要实例有：
● 黄铜的脱锌（图12-12）。

图 12-12　黄铜的塞型脱锌

● 石墨化腐蚀。

黄铜脱锌

　　黄铜是Cu-Zn合金。含Zn低于15%的黄铜呈红色，称为红黄铜，一般不产生脱锌腐蚀，多用于散热器。普通黄铜含Zn 30%，铜70%，易产生脱锌腐蚀。

● 腐蚀特征

脱锌一般有两类：

❶ 均匀型或层状脱锌。一般含Zn高的黄铜在酸性介质中发生。当受到应力作用时，也会发生开裂破坏。如图12-13（a）所示。

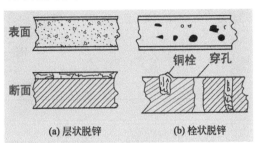

图12-13　黄铜脱锌类型

❷ 局部型或栓塞状脱锌。一般含Zn低的黄铜在碱性、中性介质中发生。栓状腐蚀产物是多孔而脆性的铜残渣，会导致穿孔，如图12-13（b）所示。海水换热器的黄铜脱锌腐蚀就是典型例子。

● 影响因素

O_2、Cl^-、表面疏松的垢层沉积物以及溶液的滞流状态，均能促进脱锌腐蚀。

● 黄铜脱锌的控制途径

❶ 降低介质的侵蚀性，如去氧。

❷ 合金中加少量砷、锑或磷元素，例如海军黄铜（70 Cu 29 Zn 1 Sn 0.04 As）是抗脱锌的优质合金。

❸ 阴极保护。

灰口铸铁的石墨化

灰口铸铁上出现铁被选择性溶解，剩下只有石墨片层，这种腐蚀称为铸铁的石墨化。它常会发生在弱腐蚀介质（如水和土壤）中。合金中不同相构成腐蚀微电池，由于铁的电位低而优先溶解，剩下由石墨骨架与铁锈组成的海绵状物质，致使铸铁机械强度严重下降。石墨化过程缓慢，如不及时发现可使构件发生突发破坏。

石墨化的防止：选用球墨铸铁和可锻铸铁。由于它们的内部不存在像灰铸铁那样的石墨骨架，所以不会发生石墨化。

12.6　应力腐蚀破裂

腐蚀实例和概念

● 304型不锈钢高压釜的操作是分批次的，仅运转了几批次就发生了应力腐蚀，如图12-14所示。高压釜表面是用优质城市水冷却的，每次运行后，冷却夹套系统内的水都会排放掉，但黏附在高压釜表面上的水珠干后，氯化物聚集导致应力腐蚀。

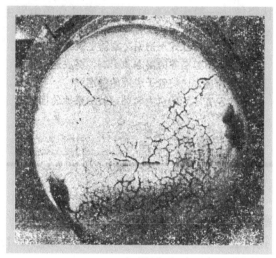

图12-14　304型不锈钢高压釜的应力腐蚀

● 某厂奥氏体不锈钢塔在安装前用城市自来水试压，试后没有及时安装。放置1～2月安装时，发现焊缝处全部开裂而报废。这是由于缝隙中滞留的水蒸发，Cl^-聚集所致。

特别注意

● 在极典型的情况下，水中10^{-6} Cl^-（1ppm）因局部浓缩就会导致不锈钢开裂。

● 给不锈钢设备试水压时，要求水中的Cl^-浓度<1ppm，才有绝对安全保证。

　　应力腐蚀破裂是指金属材料在固定拉应力和特定介质的共同作用下所发生的破裂，简称应力腐蚀，并以SCC表示。

腐蚀条件

● **腐蚀的应力**

　　是指作用在材料上的固定拉伸应力，其来源可以是残余应力，也可以是使用过程中所承受的负荷的应力。

　　压应力如轧制、喷丸、锤敲等工艺对金属表面层所施加的压应力，不但不会产生SCC，反而会减轻或阻止SCC。

● **发生应力腐蚀的介质**

　　是特定的介质，构成应力腐蚀的体系要求是一定的材料与一定介质的特定组合。常见材料与介质的组合见表12-3。

表12-3 常见合金发生应力腐蚀的特定介质

合 金	介 质
低碳钢	NaOH 水溶液，NaOH
低合金钢	NO_3^- 水溶液，HCN 水溶液，H_2S 水溶液，Na_3PO_4 水溶液，乙酸水溶液，NH_4CNS 水溶液，氨（水<0.2%），碳酸盐和重碳酸盐溶液，湿的 CO-CO_2-空气，海洋大气，工业大气，浓硝酸，硝酸和硫酸混合酸
高强度钢	蒸馏水，湿大气，H_2S，Cl^-
奥氏体不锈钢	Cl^-，海水，二氯乙烷，湿的氯化镁绝缘物，F^-，Br^-，NaOH-H_2S 水溶液，NaCl-H_2O_2 水溶液，连多硫酸（$H_2S_nO_6$，$n=2\sim5$），高温高压含氧高纯水，H_2S，含氯化物的冷凝水汽
铜合金： Cu-Zn，Cu-Zn-Sn， Cu-Zn-Ni，Cu-Sn， Cu-Sn-P Cu-Zn Cu-P，Cu-As，Cu-Sb Cu-Au	NH_3 及其溶液 浓 NH_4OH 溶液，空气 胺 含 NH_3 湿大气 NH_4OH，$FeCl_3$，HNO_3 溶液
铝合金： Al-Cu-Mg，Al-Mg-Zn， Al-Zn-Mg，Al-Mo(Cu)， Al-Cu-Mg-Mn Al-Zn-Cu Al-Cu Al-Mg	海水 NaCl，NaCl-H_2O_2 溶液 NaCl，NaCl-H_2O_2 溶液，KCl，$MgCl_2$ 溶液 NaCl+H_2O_2，NaCl 溶液，空气，海水，$CaCl_2$，NH_4Cl，$CoCl_2$ 溶液
镁合金： Mg-Al Mg-Al-Zn-Mn	HNO_3，NaOH，HF 溶液，蒸馏水 NaCl-H_2O_2 溶液，海滨大气，NaCl-K_2CrO_4 溶液，水，SO_2-CO_2-湿空气
钛及钛合金	红烟硝酸，N_2O_4（含 O_2，不含 NO，24~74℃），HCl，含 Cl^- 水溶液，固体氯化物（>290℃），海水，CCl_4，甲醇、甲醇蒸气，三氯乙烯，有机酸
镍和镍合金	熔融的氢氧化物，热的氢氧化物浓溶液
锆合金	含氯离子水溶液、有机溶剂

腐蚀特征

● 应力和腐蚀介质不是加和关系，而是相互促进，缺一不可。
● 先有微裂纹，一旦形成扩展很快。如海水中碳钢 SCC 速率为孔蚀的 10^6 倍。

● 裂纹垂直于主拉应力的方向,有穿晶、晶界、混合型三种。裂纹一般呈树枝状,见图12-15。

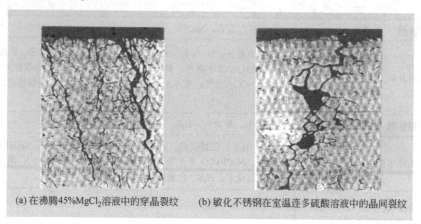

(a) 在沸腾45%MgCl$_2$溶液中的穿晶裂纹   (b) 敏化不锈钢在室温连多硫酸溶液中的晶间裂纹

图12-15　304不锈钢的应力腐蚀裂纹

● 断口呈脆性断裂,没有明显的宏观塑性变形,显微断口可见腐蚀和二次裂纹,穿晶微观断口往往具有河流花样、羽毛状花样等形貌特征［见图12-15(a)］。晶间显微断口呈冰糖块状［见图12-15(b)］。

应力腐蚀机理

应力腐蚀机理复杂,其实质是电化学因素和应力因素协同效应加剧腐蚀,其机理可分为两大类:

● 阳极溶解型机理

❶ 裂纹源:微裂纹的形成有一个孕育期,表面膜缺陷、薄弱处、划痕、小孔等均能成为裂纹源。

❷ 裂纹定向溶解导致裂纹扩展。由于裂纹的特殊几何形状,随着腐蚀进行,构成了闭塞区,在自催化作用下,裂纹尖端阳极快速溶解,致使材料断裂。

● 氢致开裂型机理

在裂纹内由于形成闭塞电池,导致裂纹根部具有高酸性,满足腐蚀微阴极反应条件,产生了H,氢原子扩散到裂纹前缘,发生氢脆致断。该理论认为,氢在应力腐蚀中起决定作用。

应力腐蚀的控制途径

● 正确、合理选材,如双相钢抗SCC性能好。

● 控制、降低甚至消除拉伸应力。

● 降低介质的侵蚀性,除去O$_2$、Cl$^-$等。

● 阴极保护。

12.7　腐蚀疲劳

概念

　　金属材料在交变循环应力或脉动应力和腐蚀介质共同作用下产生的一种破裂，称为腐蚀疲劳。

● **容易发生的范围**

海上、矿山的卷扬机牵引钢索受压-拉应力的交变作用；凿岩机受脉动应力；油井钻杆或深井泵的轴同样受交变应力等。

● **特征**

腐蚀疲劳与应力腐蚀有相似之处，但又有本质不同。

❶ 腐蚀疲劳在很低的应力下就可发生，并且没有疲劳极限。

❷ 纯金属中也能发生，金属和介质不需要特定的组合。

❸ 断口呈脆性，通常有腐蚀产物覆盖；裂纹大多为穿晶型，常成群地产生，扩展过程常出现分枝。

腐蚀疲劳的控制途径

防止材料的腐蚀疲劳是很困难的，主要是消除环境中的腐蚀因素。

◉ 在设计和操作中，尽量避免结构材料与腐蚀环境介质的接触。注意结构平衡，防振、颤或共振。

◉ 在经济条件许可的情况下，选用耐蚀合金。

◉ 采用金属或非金属覆盖层，但需注意涂料的老化问题的影响。如果用铝合金，可采用阳极氧化。

◉ 阴极保护，外加电流法和牺牲阳极法均可。

12.8　氢损伤

概念

氢损伤是材料中因有 H 存在或与 H 作用而造成力学性能变坏的总称。

常发生在石油、化工、能源（电池等及高能推进剂）工业中。

主要有氢脆、氢腐蚀两种类型。

氢脆

　　H 原子扩散至金属内（位错处）或生成金属氢化物致使材料脆化的现象为氢

脆，它最终也会诱发延迟开裂。

● **影响因素**

❶ 材料中原子H浓度越高，敏感性越高。

❷ 介质中有活性阴离子共存时的影响，Cl⁻最严重。

pH相同时影响严重次序为$Cl^->Br^->I^->F^->ClO_3^->OH^->SO_4^{2-}$。

有硫化物时影响严重的次序为$H_2S>H^->S^{2-}$。

❸ 环境温度：-30～30℃最敏感。

温度很高，扩散快，H含量降低，脆性下降；温度很低，扩散慢，H聚集难，脆性下降。

● **控制途径**

主要应阻止H原子向钢中扩散，降低H含量和局部浓度。

❶ 材料中加合金元素

Cr、Al、Mo所生成的膜能阻止渗H；

Pt、Pd、Cu等能使$2H \to H_2 \uparrow$，加快氢析出。

❷ 烘焙去H

在一定程度下，可用烘焙法去H，使钢恢复原来的性能。故这种情形又称可逆氢损伤。

氢腐蚀

在高温高压下，钢中的氢与碳及Fe_3C生成甲烷，造成材料内裂纹或鼓泡，使钢的力学性能变坏。如图12-16所示。

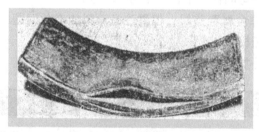

图12-16　由原油生产流程中取下的一块碳钢板截面，显示有一大氢鼓泡，暴露时间：2年

● **特征**

❶ 氢腐蚀、氢鼓泡造成材料的损伤是永久性的，即使从金属中除去氢，损伤也不能消除，又称不可逆氢损伤。

❷ 断口呈脆性断裂。

● **影响因素**

❶ 温度升高，氢腐蚀加剧。在一定氢分压下有一个最低的发生温度。

❷ 氢分压升高，氢腐蚀加剧，也存在一个起始分压，低于此温度即使H_2分压再

高也不腐蚀。氢分压与温度的组合即为Nelson曲线（图12-17）。

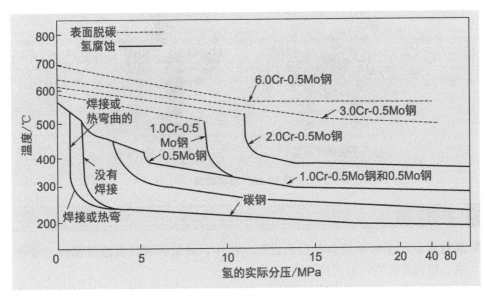

图12-17　钢在氢介质中使用界线的Nelson曲线

● **主要控制途径**

研制、选用合适的合金钢。

12.9　磨损腐蚀

概念

磨损腐蚀是指流体和金属表面间的相对运动引起金属的加速腐蚀或破坏。这种运动的速度一般很快，同时还具有机械磨耗或磨损作用。金属以溶解的离子状态脱离表面或是生成固态腐蚀产物，然后受流体的冲刷脱离表面，这种腐蚀因是流动引起的加速腐蚀，故亦称流动腐蚀。

腐蚀特征

● 电化学作用和流体动力学作用互相促进、协同加速，缺一不可。

● 外表特征：沟、槽、波纹、圆孔和山谷形，还常常显示有方向性。图12-18左是运转三个星期取出的泵叶轮，显示出一个典型的波纹形磨损腐蚀结果。图12-18右是一个蒸汽冷凝管弯头部分被冲击磨损的破坏情况。在许多情况下，磨损腐蚀在较短时间内就能造成严重的破坏。

● 磨损腐蚀是个复杂过程，通常分单相流腐蚀［在单相（如液体）流体中形成］、多相流腐蚀［在两相（如液-固）或两相以上（如液-气-固）流体中形成］。

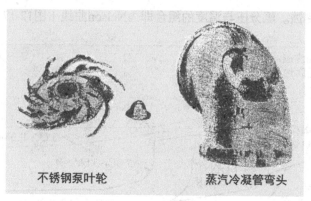

不锈钢泵叶轮　　　　　蒸汽冷凝管弯头

图 12-18　磨损腐蚀

发生范围

- 暴露在运动流体中所有类型的设备、构件，如泵和阀及其过流部件，管道系统，特别是弯头、肘管和三通等。
- 鼓风机、离心机、推进器、叶轮、搅拌桨叶，有搅拌的容器、换热器、透平机叶轮等。
- 依靠产生某种表面膜耐蚀的而表面保护膜易被流体破坏或磨损的金属，如铝、不锈钢，或软的、易遭受机械破坏或磨损的金属，如铜和铅。

磨损腐蚀的影响因素

在流动体系中，影响磨损腐蚀的因素很多，除影响一般腐蚀的所有因素外，直接有关的因素如下。

- **流速**

开始时，在一定的流速范围内，腐蚀速度随流速增大而缓慢增大。当流速达到某一临界值时，腐蚀速度急剧上升。在高流速条件下，不但均匀腐蚀严重，而且局部腐蚀也严重。

- **流型（流动状态）**

流体的运动状态有两种：层流与湍流。判别流体运动状态的流体力学准数为雷诺数，它不但取决于流体的流速，而且与流体的物性有关，还与设备的几何形状有关。不同的流型具有不同的流体动力学规律，对流体腐蚀的影响也很不一样。湍流使金属表面的液体搅动程度比层流时剧烈得多。除高流速外，凸出物与沉积物、突然改变流向的截面以及其他能破坏层流的因素，都能引起这类腐蚀。

- **表面膜**

材料表面不管是原先就有的保护膜，还是在与介质接触后生成的保护性腐蚀产物膜，膜的性质、厚度、形态和结构，以及膜的稳定性、黏着力、生长和剥离都与流体对材料表面的剪切力和冲击力的破坏程度密切相关，都会影响到腐蚀。例如，不锈钢是依靠钝化膜抗腐蚀的，在静态介质中，完全能钝化，所以很耐蚀；可在高流速运动的流体中，却不耐磨损腐蚀。对碳钢和铜而言，随流速增大，从层流到湍流，表面腐蚀产物膜的沉积、生长和剥离对腐蚀均起着关键作用。

● **第二相**

流动单相介质中如存在第二相（固体颗粒或气泡），特别在高流速下，腐蚀明显加剧。固体颗粒对金属表面的冲刷作用，不仅会使表面膜受到破坏，而且使材料基体受到破坏，造成材料严重的腐蚀。另外，颗粒的种类、硬度、尺寸对磨损腐蚀也有显著影响。例如，含石英砂的盐水中磨损腐蚀要比含河砂的严重得多。不仅如此，流体中固体颗粒的存在还会影响介质的物性，甚至改变流型、破坏表面的边界层，从而进一步加速腐蚀。

磨损腐蚀的动态模拟装置

动态下材料的腐蚀过程决不能用静态下的腐蚀数据来进行表征。为了研究磨损腐蚀的规律、控制因素和机理，研究者往往根据各自的研究情况设计并应用各种动态模拟装置。归纳起来大约有两类。

● **研究试样固定不动**

这类装置主要有管道流动法、喷射法等。在这类装置中，电化学测量容易实现。管道流动法装置示于图12-19，其特点为：

❶ 管道流动装置能较好地模拟管道流体的工况条件，实验结果有较强的实用价值，使用广泛。

❷ 研究试样固定不动，容易实现各种电化学测量。

❸ 占地面积大，造价高。

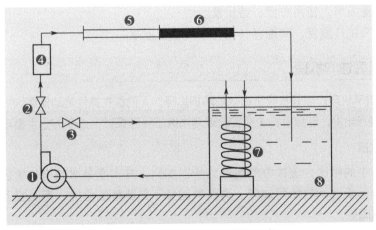

图12-19　管道动态模拟装置示意

❶—泵；❷，❸—阀；❹—流量计；❺—稳流直管；
❻—试样嵌入管；❼—冷却管；❽—储液槽

● **研究试样旋转**

这类装置主要有旋转圆盘法、旋转圆筒法（见图12-20）。

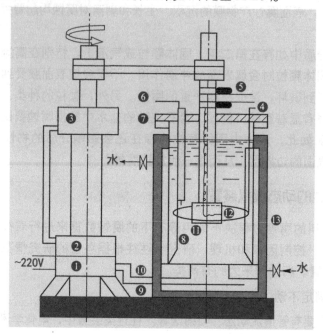

图12-20　旋转法动态模拟装置示意

❶—温度调节器；❷—转速调节器；❸—直流电机；❹—辅助电极；❺—电刷；❻—参比电极；

❼—试验容器；❽—挡板；❾—加热器；❿—热电偶；⓫—旋转圆盘；

⓬—研究试样（嵌入在旋转圆盘的侧壁上）；⓭—水冷却夹套

这类装置的特点：

❶ 装置简单，使用方便，造价低。

❷ 研究试样旋转，实现各种电化学测量较困难。

磨损腐蚀的机理

为了揭示机理，以寻找经济有效的防护途径，人们首先抓住流动使腐蚀加剧的事实，从动力学观点出发，利用解析法或实验观测法做了种种探讨，迄今为止主要观点有：

● **协同效应**

与静态中的相比，流体中的腐蚀之所以加剧，其实质是腐蚀电化学因素与流体动力学因素之间的协同效应。这两种因素不是简单的叠加，而是交互作用，协同加剧腐蚀。

● **流体动力学因素的作用**

介质的流动对腐蚀有两种作用：质量传递效应和表面切应力效应；在多相流中，影响就更为强烈。研究表明，流速较低时，腐蚀速度主要由去极化剂的传质过程控制。流速较高时，电化学因素与流体动力学因素的协同效应强化，流体对材料表面的切应力加大，甚至可使表面膜破坏，导致腐蚀进一步加剧。

流体中的传质过程不受材料表面层的组分、结构的影响，而在很大程度上受流体力学参数的影响，关于流体动力学对腐蚀过程的影响极其复杂，无法用常规腐蚀电化学所能解决，这一研究，在国内目前尚属开拓性工作。

● 碳钢在氯化钠水溶液中的磨损腐蚀

碳钢在3% NaCl水溶液单相流和双相流（加河砂）中磨损腐蚀的情况。如图12-21所示。

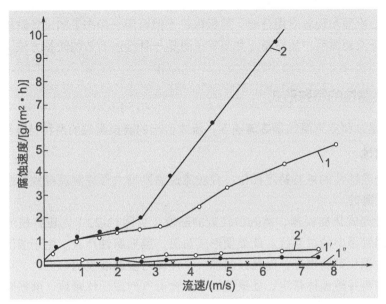

图12-21　碳钢在3% NaCl溶液单相流和双相流（加河砂）中的磨损腐蚀情况

● 单相流　　　1　未除O_2　　　　　多相流　2　未除O_2
　　　　　　　1′充N_2除O_2　　　　　　　　　　2′充N_2除O_2
　　　　　　　1″施加阴极电流

❶ 由图可见，开始时腐蚀速度随流速增大而缓蚀增大，腐蚀主要受传质过程控制。继续增大流速，存在一个使腐蚀急剧增大的临界流速值。此后，由于腐蚀电化学因素与流体力学因素间协同效应强化，腐蚀随流速进一步增大而迅速增大。此时，不仅均匀腐蚀加剧，局部腐蚀也随之加剧，尤其在双相流（图中曲线2）中固体颗粒的冲击和磨损，使其腐蚀比单相流（图中曲线1）中要严重得多。

❷ 充N_2除O_2，除去对腐蚀的有害成分，显著抑制腐蚀电化学反应，大大削弱了与流体力学因素的协同效应，导致腐蚀速度急剧降低（见图中曲线1′、2′）。

❸ 施加阴极电流，保护阴极电位比腐蚀电位负200mV左右时，同样抑制了腐蚀电化学因素，也可大大削弱与流体力学因素的协同效应，致使腐蚀速度急

剧降低（见图中曲线1″）。由此证明，协同效应中电化学因素起主导作用，用阴极保护是有效的。

据此，1995年某厂流量为5000t/h的双吸海水输送泵（铸铁制）实施了牺牲阳极的阴极保护（为了节约阳极消耗与涂料联合），获得成功，保护效果达90%以上，解决了现场一个磨损腐蚀的难题。

重要启示

- 在磨损腐蚀的协同效应用中，只要是电化学因素起主导作用，利用阴极保护来防护是完全有效的。
- 以上机理和现场应用证明：阴极保护不但可用于静态下的设备防护，而且对于流动体系中的设备（如泵等）也是一种经济有效的防护方法。

磨损腐蚀的特殊形式

湍流腐蚀和空泡腐蚀是高流速下，流体引起的磨损腐蚀的两种特殊形式。

湍流腐蚀

在设备或部件的某些特定部位，介质流速急剧增大形成湍流导致的磨损腐蚀称为湍流腐蚀。

例如管壳式热交换器，离入口较近的部位（见图12-22），正好是流体从管径大转到管径小的过渡区。此处便形成湍流，磨损腐蚀严重。由于湍流不仅加速阴极去极化剂的供应，而且还附加一个流体对金属表面的切应力，可使腐蚀产物膜剥离并随流体带走，如果流体中还含有气泡或固体颗粒，磨损腐蚀更加严重。当流体进入列管后很快又恢复层流，腐蚀并没有那么显著。

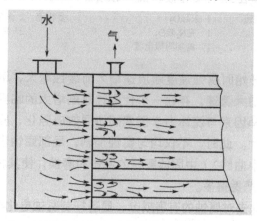

图12-22　换热器中的进口管腐蚀

除了高流速外，不规则的构件形状也是引起湍流的一个主要条件。如泵叶轮，蒸汽透平机的叶片等构件都有容易形成湍流的典型不规则几何构型。

构件遭到湍流腐蚀后，常呈现深谷或马蹄形的袄凹槽；一般按流体方向切入金属表面层，蚀谷光滑，没有腐蚀产物积存（图12-23）。

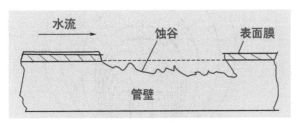

图12-23　冷凝管内壁湍流腐蚀示意

● **空泡腐蚀**

空泡腐蚀是流体与金属构件作高速相对运动，在金属表面局部产生涡流，伴随有气泡在金属表面迅速产生和破灭而引起的腐蚀，又称空穴腐蚀或汽蚀。在高流速液体和压力变化的设备中如水力透平机、水轮机翼、船用螺旋桨等都易发生此腐蚀。

当流速足够大时，局部区域压力降低，当低于液体的蒸气压时，液体蒸发形成气泡。随流体进入压力升高区时，气泡会凝聚或破灭，这一过程反复以高速进行，气泡迅速生成、破灭，如"水锤"作用，使金属表面遭受严重损伤破坏，如图12-24所示。

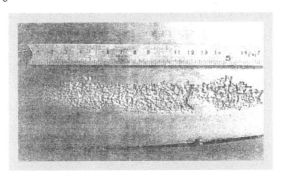

图12-24　水轮机叶片发生的空泡腐蚀

有人计算认为气泡破灭时产生的冲击波压力可高达410MPa；有人认为气泡破灭时，发生的高速液流喷射（形成射流）其速度可达128m/s。图12-25所示是气泡收缩破灭情况。

空泡腐蚀的形貌有些类似孔蚀，但空泡腐蚀的蚀孔分布紧密，表面十分粗糙，有时气泡破灭的冲击波能量甚至可把金属锤成细粒，使金属表面呈现海绵状。

■ 磨损腐蚀的控制途径

通常要根据工作条件、结构形式、使用要求和经济等因素综合考虑。

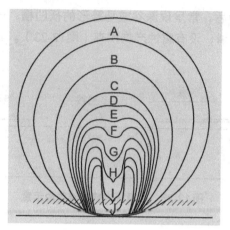

图12-25　气泡按A，B，…，J方向变化而破灭

● **正确选材**

选择较耐磨损腐蚀的材料，这是解决问题的基本方法。

● **合理设计**

适当增大管径，降低流速，保证流体处于层流状态；使用流线型弯头，减小阻力和冲击作用；设计使流程中流体动压差尽量减小等。

● **改变环境**

去除使腐蚀加剧的有害成分或添加缓蚀剂，适当降低环境温度。例如，常温下双相钢腐蚀轻微，但高流速下（如10m/s）且温度超过55℃时腐蚀急剧增大。

● **联合保护**

涂料与阴极保护联合保护，是一种经济有效的好方法。

13 金属在自然条件下的腐蚀

自然条件下的环境中都有氧的存在，因此在自然条件下腐蚀大多是氧去极化腐蚀。但具体条件不同时，腐蚀特点也不相同。

13.1 大气腐蚀

概况

金属材料暴露在地球大气自然环境下，由于大气中的氧、水汽等化学物质而引起的破坏称为大气腐蚀。

金属暴露在大气中要比暴露在其他腐蚀介质中的机会更多，例如文物、基础设施等。据统计，大约有80%的金属构件是在大气环境下工作，即使是化工厂，其所有金属的表面积也有70%是暴露在大气中。据估计，因大气腐蚀损失的金属约占总腐蚀损失量的一半以上。可见，大气腐蚀是既普遍又严重的问题。

铜质文物

通常铜及铜合金有很好的抗大气腐蚀性能，这是由于其表面形成"黑漆古"形态的保护性壳层所致。但有Cl^-存在时，表层中会形成含氯化合物，使表层会生成粉状锈（见图13-1），俗称"青铜病"。这是危害极大的一种局部腐蚀。在污染的大气中，铜表面在相当长的时间，其表面都会生成铜绿（蓝绿色锈层）。

图13-1 青铜器文物粉状锈实例

● **铁器文物**

在河北沧州有个雄伟的文物铁狮子，在大气中长期腐蚀，现已铁锈斑斑，几乎快要垮塌。人们无奈只能用钢管将其支撑着（见图13-2）。

(a) 现状   (b) 过去

图13-2　河北沧州铁狮子

我国是个文明古国，文物是一个民族文化和历史的重要见证，保存下来的金属质文物不仅种类繁多，数量也极其丰富。但我国的文物保护堪忧，需大力挽救。

● **基础实施、钢轨、桥梁等**

如图13-3～图13-5所示，在室外各种情况下，特别是污染的大气中腐蚀都很严重。

图13-3　锈穿的钢栈桥面板　图13-4　严重腐蚀的钢栈桥支座　图13-5　锈穿的钢栈桥工字钢纵梁

大气腐蚀的类型

金属表面的潮湿程度通常是决定大气腐蚀速度的关键因素（图13-6）。

● **干大气腐蚀（Ⅰ区）**

水膜厚度1～10nm，大气中基本上没有水汽，金属表面上可以看成没有水膜，腐蚀极轻微，铁和钢表面将保持着光亮。

● **潮大气腐蚀（Ⅱ区）**

水膜厚度10nm～1μm，液膜很薄，不可见，但是有电化学作用，引起腐蚀，主要是阳极控制。

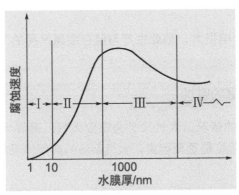

图13-6　大气腐蚀速度与金属表面上水膜层厚度的关系

● **湿大气腐蚀（Ⅲ、Ⅳ区）**

水膜厚度1μm～1mm或更大，表面已有可见的液膜，属电化学腐蚀，主要是阴极控制。膜继续增厚（在区域Ⅳ），已经相当于全沉浸在电解质溶液中的腐蚀情况，是阴极氧扩散控制。

大气腐蚀主要是讨论潮和湿大气腐蚀。

（特 别 注 意）

　　在实际工作中，因地区、气候的多变，金属表面的水膜厚度也在变化，各类腐蚀又会互相转换，必须具体问题具体分析。

影响大气腐蚀的因素

● **大气的成分**

大气中的主成分基本不变，水汽含量随季节、时间、地域不同而变化。

大气中主要有O_2、水汽、CO_2参与腐蚀过程。

● **相对湿度**

湿度直接影响金属表面上液膜的形成和保持时间，故对大气腐蚀的影响最大，某个金属在腐蚀时都有一个临界湿度。如低于临界湿度，金属表面没有水膜，属纯化学腐蚀，腐蚀速度很小；一旦超过临界湿度，金属表面水膜形成，化学腐蚀转变为电化学腐蚀，腐蚀速度突然增大。

临界湿度取决于金属的种类，一般钢铁的临界湿度为65%～75%。特别要注意，临界湿度也取决于表面状态及表面污染的程度，如表面粗糙、裂缝和小孔愈多，临界湿度愈低；表面有吸潮的盐类或灰尘，临界湿度也较低。

● **温度和湿度的变化**

一般来说，温度的影响不及湿度的影响大，只有在高温雨季时，温度才起较大的作用。

温度差对腐蚀的影响很大,因此生产与储存金属产品的工厂或仓库应尽可能避免剧烈的温度变化。

工业大气对金属的腐蚀

基于大气中污染的情况,大气又分为工业大气、海洋大气和农村大气。对于腐蚀来说大气污染的程度是重要因素,大气杂质的典型情况见表13-1。

表13-1　大气杂质的典型浓度

杂　　质	典型浓度/（μg/m³）
二氧化硫	工业区：冬天350,夏天100 农村地区：冬天100,夏天40
三氧化硫	大约为二氧化碳含量的1%
硫化氢	工业区：1.5～90 城市地区：0.5～1.7　　春季测量的数值 农村地区：0.15～0.45
氨	工业区：4.8 农村地区：2.1
氯化物 （取空气样品）	内陆工业区：冬天8.2,夏天2.7 沿海农村地区：年平均5.4 （这几个数值以毫克/升表示）
氯化物 （取雨水样品）	内地工业区：冬天7.9,夏天5.3 沿海农村地区：冬天57,夏天18 （这几个数值以毫克/升表示）
烟　粒	工业区：冬天250,夏天100 农村地区：冬天60,夏天15

模拟污染程度对腐蚀的影响如图13-7所示。

● 非常纯净的空气中,腐蚀速度很小,且随湿度增加腐蚀速度只有轻微的增加,如图中A。

● 在污染的空气中,空气的相对湿度不高于70%时,即使长期暴露,腐蚀也是小的。但在有SO_2存在下,相对湿度高于70%时腐蚀速率大大增加(如图中C)。

SO_2是工业大气危害最大的因素,这是因为:

❶ SO_2是阳极反应过程的活化剂;

❷ SO_2本身也是一个强的阴极去极化剂;

❸ SO_2在大气中的浓度虽比O_2小得多,但由于溶解度高,甚至在20℃时,溶解度是O_2的1300倍,溶解后使水膜中的pH值下降,甚至能使它比溶解氧的阴极反应更有效。

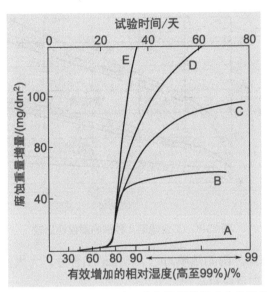

图13-7 抛光钢试样随相对湿度及空气的污染程度变化的锈蚀情况

A—纯净空气；B—有 $(NH_4)_2SO_4$ 颗粒，无 SO_2；C—仅0.01% SO_2，没有颗粒；
D—$(NH_4)_2SO_4$ 颗粒+0.01% SO_2；E—烟粒+0.01% SO_2

● 被硫酸铵和煤烟固体粒子污染的空气中，腐蚀加速的效果见图中D、E。

铵盐增加金属的可湿性，引起季裂；

盐粒中，硫酸铵吸湿，酸性；氯化物吸湿，为腐蚀的强烈促进剂。

其他空中颗粒，Si质有惰性，造成充气不均；碳尘、烟煤粒能促进表面水膜优先凝聚，加速腐蚀。

大气腐蚀主要控制途径

添加合金元素

碳钢和低合金钢是大气环境中应用最广的金属材料。为了提高耐蚀性，可通过合金化改善普通碳钢性能，以提高其耐大气腐蚀性。例如：加入Cu、P等合金元素后效果比较显著，Cu-P-Cr-Ni系低合金钢就是比较优秀的"耐候钢"。几种钢的耐候性比较见图13-8。在腐蚀性较强的工业、海洋大气中，耐候钢比碳钢耐蚀性更高，但在腐蚀性较弱的一般大气中相差却不大，在选用中要注意。

此外铝、铜及其合金通常在大气中具有较好的耐蚀性。

采用有机、无机涂层和金属镀层保护

涂层保护是防止大气腐蚀最简便的方法，为提高防腐蚀效果，目前常采用多层涂装或组合使用几种防护层。

防腐蚀涂装体系中，底层涂料或镀层对整个涂层体系的耐蚀性和寿命有举足轻重的作用，因它直接影响与钢铁表面的结合力，能对钢铁表面有钝化性缓蚀作

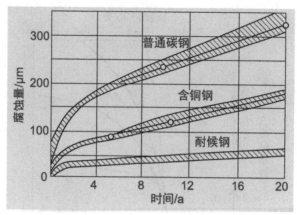

图13-8　工业地区几种钢的耐候性比较

用、阴极保护作用。例如热喷Zn、Al、Zn-Al合金，大大提高了涂装体系的使用寿命，现已有广泛应用。

大气环境中，有许多有色金属耐蚀性比钢铁好，有的还有阴极保护作用。例如电镀Zn、Sn、Cr，热浸或热喷镀Zn、Al及其合金，还有Zn-Ni等合金镀，其耐大气腐蚀性能都较高。

● 气相缓蚀剂和暂时性保护涂层

主要用于保护储藏和运输过程中的金属制品。需要注意的是，随温度升高其挥发量增加，因此应严禁暴晒，需加盖密封，以防挥发后失效。

临时性保护涂层有水稀释型防锈油、溶剂稀释型防锈油、防锈脂等。

● 降低大气湿度

适用于室内储存物品的环境控制，通常控制湿度在50%以下，最好保持在30%以下。一般用加热空气、冷冻除湿或利用各种吸湿剂等手段。

● 合理设计

防缝隙存水和积尘，并减少污染。

13.2　海水中的腐蚀

■ 概况

海水是一种含盐浓度相当高的电解质溶液，是天然腐蚀剂中腐蚀性最强的介质之一。用海水作冷却介质时，冷却器的铸铁管一般只能使用3～4年，海水泵的铸铁叶轮只能使用3个月左右。近年来，随着石油工业的迅速发展，海洋开发受到普遍重视，各种海上运输工具与舰船、海上采油平台、海洋开采和水下输送的设施大量增加，海洋腐蚀问题更加突出。例如，海洋腐蚀造成的平台坍塌，见图13-9。

图 13-9　海洋腐蚀和污损造成的平台坍塌

海水的成分、性质

海水是一种复杂的多种盐类的平衡溶液，其中又含有生物、悬浮泥沙、溶解气体和腐败有机物等。

● 含盐量高、电导率高

海水中的盐含量约为3%～3.5%，Cl⁻约占总离子数的55%。海水的电导率约为河水的200倍。

海水的腐蚀特点与Cl⁻有关。如碳钢在海水中不能钝化，也不能采取阳极保护。

● 海水中的氧含量

海水中的氧含量是海水腐蚀的重要因素，大多数金属在海水中是进行氧去极化腐蚀，其腐蚀速度也是受阴极过程控制。

海水中的氧含量随海水深度变化如图13-10所示。

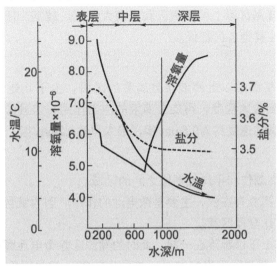

图 13-10　海水深度与温度、盐度、溶氧分布的关系

表层海水由于表面开阔又有海浪作用，溶氧量接近饱和浓度，为8×10^{-6}。随着海水深度的增加，含氧量不断下降，在海平面下800m左右含氧量达最低，再往下去含氧量又逐渐增大，在水深1500m处，含氧量比水面处还高，这是因为深海水温低和压力高。所以金属有时在深海中会遭到更为严重的腐蚀。

海水中的溶氧量随温度升高而下降，也随盐度的升高而下降。

● 海水的pH值

海水接近中性，pH值在7.5～8.5之间，通常为8.1～8.3。如果在厌氧细菌繁殖的情况下，氧溶解量小且还含有H_2S，则pH值可低于7；如果在植物非常茂盛处CO_2减少，溶解氧量会上升10%～20%，pH值可接近9.7。

● 生物活性强

金属浸入海水中几小时后，便会附着上一层生物黏泥（活的细菌及其他微生物），然后会吸附其他固着生物，如海藻、藤壶、牡蛎、珊瑚、硅质海绵等。海洋生物对腐蚀的影响：

❶ 新陈代谢分泌出有机酸等腐蚀性物质；

❷ 光合作用放出氧形成局部氧浓差电池；

❸ 破坏表面油漆层也形成腐部腐蚀电池。

■ 海洋环境分类

按金属和海水接触的情况，海洋环境可分为大气区、浪溅区、潮汐区、全浸区和海泥区。根据海水深度不同，海洋环境可分为浅水、大陆架和深海区。图13-11示出了不同区域的环境和腐蚀特点。

● 海洋大气区

该区是指海面飞溅区以上的大气区和沿海大气区。碳钢、低合金钢在海洋大气区的腐蚀速度比其他各区都低。

● 浪溅区

该区是指平均高潮线以上海浪飞溅润湿的区段。由于此处海水与空气接触充分，含氧量达到最大程度，再加上海浪的冲击作用，浪溅区成了腐蚀最严重的区域，碳钢的腐蚀速度约为0.5mm/年，最大可达1.2mm/年。

● 潮汐区

该区是指平均高潮位和平均低潮位之间的区域。

❶ 如果此区是孤立存在的，主要是微电池的作用。因为氧含量比全浸区高，所以腐蚀也应比全浸区高。

❷ 但如果是与上下区都连在一起，此时的潮汐区除微电池腐蚀外，还受浓差电池的作用，潮汐区因供氧充分，电位比较正，成为阴极受到一定保护，腐

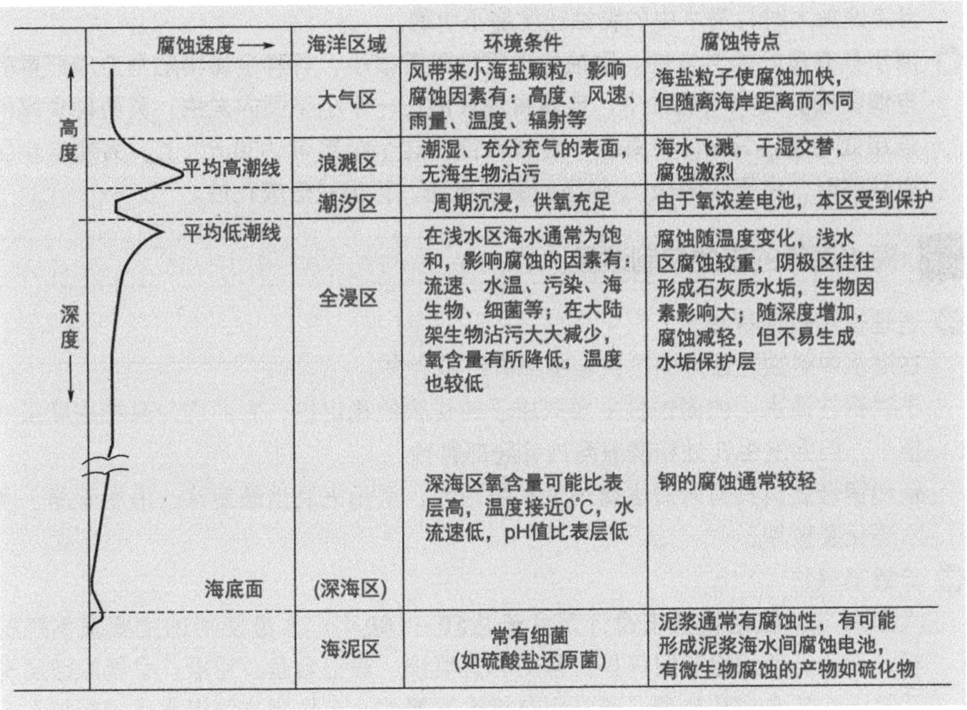

腐蚀速度 →	海洋区域	环境条件	腐蚀特点
大气区	风带来小海盐颗粒，影响腐蚀因素有：高度、风速、雨量、温度、辐射等	海盐粒子使腐蚀加快，但随离开海岸距离而不同
浪溅区	潮湿、充分充气的表面，无海生物沾污	海水飞溅，干湿交替，腐蚀激烈
潮汐区	周期沉浸，供氧充足	由于氧浓差电池，本区受到保护
全浸区	在浅水区海水通常为饱和，影响腐蚀的因素有：流速、水温、污染、海生物、细菌等；在大陆架生物沾污大大减少，氧含量有所降低，温度也较低	腐蚀随温度变化，浅水区腐蚀较重，阴极区往往形成石灰质水垢，生物因素影响大；随深度增加，腐蚀减轻，但不易生成水垢保护层
(深海区)	深海区氧含量可能比表层高，温度接近0℃，水流速低，pH值比表层低	钢的腐蚀通常较轻
海泥区	常有细菌（如硫酸盐还原菌）	泥浆通常有腐蚀性，有可能形成泥浆海水间腐蚀电池，有微生物腐蚀的产物如硫化物

（图中左侧标注：高度、深度、平均高潮线、平均低潮线、海底面）

图 13-11 不同海洋环境区域的腐蚀特点比较示意图

蚀减轻。而紧靠低潮线以下的全浸区部分，因供氧相对缺乏而电位较负成为阳极，腐蚀加速。

● **全浸区**

该区是指平均低潮线以下部分直至海底的区域。随深度增加，腐蚀减轻。

● **海泥区**

该区是指海水全浸区以下部分，主要由海底沉积物构成。与全浸区相比，海泥区的氧含量较低，腐蚀也较轻；但如有硫酸还原菌存在，腐蚀加速。

海水腐蚀的特征

● 海水是典型的电解质溶液，海水腐蚀中大多数金属（Fe、Cu、Zn等）阳极极化阻滞很小，海水中的Cl⁻能破坏氧化膜，还与金属易生成络合物，加速了金属的阳极溶解。即使不锈钢在海水中，也要遭受严重的局部腐蚀。高流速下可引起磨损腐蚀。

● 海水中的腐蚀其阴极过程主要是氧去极化，其反应为

$$O_2 + 2H_2O + 4e \longrightarrow 4OH^-$$

当流速加大时，海水中的腐蚀速度是不小的。

- 海水具有良好的导电性。腐蚀的电阻性阻滞很小，异种金属接触易造成严重的电偶腐蚀。在大气腐蚀中，电偶腐蚀只能在一个小范围内发生，离两种金属的连接处不超过2cm，但海水中电偶腐蚀，这个距离可达30m以上。另外当涂层有缺陷时，由于大阴极-小阳极的腐蚀电池，可很快形成孔蚀。

海水腐蚀的主要控制途径

- 合理选用耐蚀材料

在海水中耐蚀性最好的是钛合金和镍铬钼合金。

不锈钢在海水中的耐蚀性主要取决于钝化膜的稳定性，它的均匀腐蚀速度虽然很小，但会发生孔蚀和缝隙腐蚀等局部腐蚀。

铜和铜合金也具有耐海水腐蚀性和防污性，常用来制造螺旋桨、海水管路、海水淡化装置等。

- 涂镀层保护

大型海洋工程结构要求设计寿命长达50～100年，大量使用的主要是钢铁材料，因此必须用涂镀层保护，常用的有喷锌、锌铝合金、铝层。金属涂镀层有孔隙，常常要封孔处理，通常用有机涂层覆盖。在杭州湾跨海大桥钢管桩上，采用多层复合加之熔融结合改性环氧涂层，再和阴极保护联合的防护措施，设计寿命预计100年。

- 阴极保护

适用于海水全浸区，它与涂料联合防护是最经济有效的一种保护方法。

- 合理设计

例如，减少电偶腐蚀，减少湍流、冲击，避免小阳极-大阴极的危险结构，降低阴极性接触面积等。

13.3 金属在土壤中的腐蚀

概况

埋设在地下的油气管、水及电缆等在土壤的作用下常发生腐蚀（图13-12），导致管线穿孔而漏油、漏气或漏水，或使通信发生障碍和故障。而且这些设备往往又很难修，给生产造成了很大的损失和危害。

在海滨盐渍地区，土壤中腐蚀剂以氯化物盐类为主，其Cl⁻含量最高可达522.6mg/L，金属在土壤中的腐蚀尤其严重。

实例：2014年8月，某市区因地下化工管路腐蚀，造成市区连环气爆（图13-13），造成重大损失。

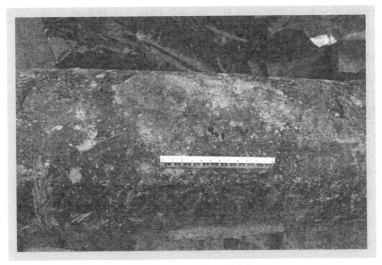

图13-12　金属管道土壤腐蚀

图13-13　高雄气爆肇因：地下化工管路腐蚀

土壤的结构和特点

● 土壤的多相性

土壤是无机物、有机物、水和空气的集合体，具有复杂多相结构。实际上土壤
是这几种不同成分的颗粒按一定比例组合在一起的。

● 土壤的多孔性

土壤的颗粒间形成了孔隙（毛细孔、微孔），孔中充满空气和水，是具有离子
导电性的胶体体系。由于水的胶体形成作用，土壤不是分散的孤立颗粒，而是
含有各种有机、无机胶凝颗粒的聚集体。

● 土壤的不均匀性

土壤的组成是可变的，不像海水、大气有一个基本的组成。土壤中存在着各种

微结构组成的土粒，存在着气孔、水分及结构紧密程度的差异，这些因素造成了土壤的不均匀性。

● 土壤的相对固定性

土壤的固体部分是不动的，只有气相和液相可作有限的运动。

土壤的腐蚀性质

● **土壤是一种具有特殊性质的电解质溶液**

土壤是毛细管多孔性的胶质体系，土壤的空隙被空气和水汽充满，土壤中含有盐类溶解在水中，使土壤成为具有离子导电性的电解质溶液。

● **土壤中的氧**

有一些氧溶在水中，有些存在于土壤毛细管和缝隙内。土壤中的氧含量与土壤的湿度和结构都有密切的关系。干燥的沙土中，因为O_2易透过，所以氧量较多；而在潮湿密实的黏土中，因为氧透过困难，所以氧量很少。这就会造成充气不均，引发浓差电池腐蚀。

● **土壤的酸碱性**

大多数土壤的pH值为6.0～7.5；沙质黏土和盐碱土带碱性，pH值为7.5～9.5；沼泽土带酸性，pH值为3.0～6.0。pH值越低，土壤的腐蚀性越强。

● **土壤中的微生物**

土壤中含有大量的微生物，它们的分泌物对腐蚀影响很大。微生物中对腐蚀影响最大的是厌氧的硫酸盐还原菌。

● **土壤腐蚀特征**

土壤是一种固体微孔电解质溶液，它的阴极过程大多是氧去极化反应，只有在强酸性土壤中，才有可能发生氢去极化腐蚀。

特别注意

● 大气、海水、土壤这三种自然条件下的腐蚀，其阴极过程大多是氧的去极化作用，但在不同的情况下氧的传递则各不相同。

● 大气腐蚀中，氧是透过电解质溶液薄膜；在海水腐蚀中，氧是经过电解质溶液本体；在土壤腐蚀中，氧是透过固体的微孔电解质溶液。

● 在大气中，氧到达腐蚀着的金属表面，主要决定于水膜的厚度；在海水里主要决定于搅拌程度；而在土壤中，当土层厚度相等时，则决定于土壤的结构和湿度。

土壤腐蚀的几种形式

● 充气不均匀引起的腐蚀

❶ 管线单独处于沙土或黏土中，如图13-14所示，由于沙土比黏土透气性好，因此，O_2透过沙土到达管道表面的要比通过黏土的多，所以此时微电池腐蚀起作用，沙土中的管道腐蚀要比黏土中的腐蚀要严重。

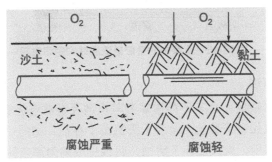

图13-14　在不同土质中的管道腐蚀

❷ 长输管道通过不同土质时腐蚀现象就不同。与沙土接触的管道部分，由于O_2易透过，O_2多电位较正成为阴极；而黏土中由于O_2少，电位较负成为阳极。此时因为充气不均宏电池起作用，所以，通过黏土部分的腐蚀较严重（见图13-15）。

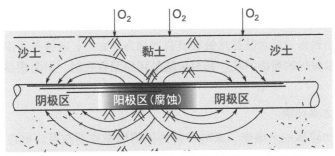

图13-15　管道通过不同土质时构成的氧浓差电池的腐蚀

● 杂散电流引起的腐蚀

杂散电流是一种漏电现象。它是由大型直流电源设备（如电气火车、电焊机、电解槽、电化学保护系统等）漏失出来的电。一些地下设备、地下管道、贮槽、电缆和混凝土的钢筋等都容易遭受这种杂散电流引起的腐蚀。如图13-16所示，电气火车运行时，直流电往往从路轨漏到地下，进入地下管道某处，再从管道另一处流出而回到路轨。杂散电流从管道流出进入土壤的位置，成为腐蚀的阳极区，发生腐蚀破坏。

在化工厂的电解食盐车间，由于直流电漏电，附近管道和贮槽等会受到杂散电流的影响，发生腐蚀。

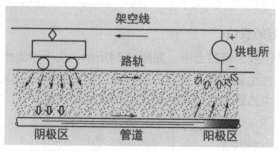

图13-16 土壤中的杂散电流腐蚀实例示意图

● 微生物引起的腐蚀

如果土壤中非常缺氧而且又不存在氧浓差电池及杂散电流等因素，腐蚀过程是很难进行的；但如有硫酸盐还原菌（厌氧菌）存在， 由于生物的催化作用，促进阴极去极化作用，大大加速了腐蚀，腐蚀生成物为黑色并伴有恶臭。

土壤腐蚀的主要控制途径

● 覆盖层保护

常用的有焦油沥青、环氧煤沥青、聚乙烯塑胶带等。为了提高防护寿命，又发展了重防腐蚀涂料和熔结环氧粉末涂层等。

● 阴极保护

涂覆层与阴极保护联合防护是最经济有效的方法之一，既弥补了涂覆层的缺陷又节约了阴极保护的电能消耗。如有硫酸盐还原菌存在时，可考虑保护电位维持更负一些。

● 局部改变土壤环境

例如酸度比较高的土壤里，在地下构件周围填充些石灰石，或在构件周围移入侵蚀性小的土壤以减轻腐蚀性。

13.4 微生物腐蚀及生物污损

概况

● 微生物腐蚀

是指在有微生物参与情况下的腐蚀，它的代谢产物直接影响腐蚀的过程和程度，人们的肉眼却往往看不见。

例如，海水中生活着从微型到大型的、种类繁多的海生物，每毫升海水中仅细菌数量可达百万数量级。某些细菌和附着生物会选择性地在水下设施表面附着、生长、代谢、繁殖，将其作为其生长栖息的生态群落家园，这些生物活动引发水下设施和设备等的腐蚀，带来极大的危害。

◉ 海生物污损

是指生物在材料表面附着、聚集和生长，直接造成海洋平台载荷增加、管线堵塞、船舶速度下降情形等，严重影响设备使用的功能性和安全有效运行，人们的肉眼可见。

微生物腐蚀的特点

◉ 发生范围

凡是同水、土壤或湿润空气相接触的金属设施，都可能遭到微生物腐蚀。例如矿井、油井、海港、水坝、循环冷却水系统、海上采油平台以及飞机燃料箱等一系列设施和装置，都曾遭受过微生物腐蚀。

◉ 与腐蚀有关的微生物

与腐蚀有关的微生物主要是细菌类，因而，微生物腐蚀有时也称为细菌腐蚀。自然环境中的细菌成千上万，但与腐蚀有关的菌种并不多，一般可把腐蚀性细菌分为两类。

❶ **喜氧性菌**（或称嗜氧性菌）

指环境中有游离氧的条件下能生存的一类细菌，主要有铁细菌和硫氧化菌。

铁细菌主要是指氧化铁杆菌，易生存在含有机物和可溶性铁盐的中性水、土壤、锈层中。

其活动特点：在中性介质中，反应所产生的高价铁盐氧化能力很强，甚至可把硫化物氧化成硫酸。它最适宜生长的环境是20～25℃，pH值7～1.4范围。

硫氧化菌主要是指硫杆菌（氧化硫杆菌、排硫杆菌和水泥崩解硫杆菌），其中以氧化硫杆菌对腐蚀影响最大。

其特点：可把元素硫、硫代硫酸盐氧化成硫酸，即产生腐蚀性的强酸；存在于水泥、污水、土壤中。可使介质中的硫酸浓度高达10%～20%。它最适宜生长的环境是28～30℃，pH值2.5～3.5范围（甚至于低于0.6时仍能生长）。

❷ **厌氧性菌**

是指在缺乏氧或几乎无氧的条件下才能生存，有氧反而不能生存的细菌。主要有硫酸盐还原菌，主要是脱硫弧菌。

其特点：可把硫酸盐还原为硫化物，如硫化氢等。最适宜的生长环境为25～30℃（耐热菌种可在55～65℃生长），pH值6～7.5范围。

还有一些不管有氧或无氧的环境都能生存。如硝酸盐还原菌，主要存在于有硝酸盐的土壤和水中，能把硝酸盐还原为亚硝酸和氨，最宜生长在27℃

左右和pH值为5.5~8.5的环境中。

● 微生物腐蚀作用腐蚀特征

❶ 新陈代谢产物的腐蚀作用：如产生的硫酸、有机酸和硫化物等，强化腐蚀的环境。

❷ 生命活动影响电极反应动力学过程：若硫酸盐还原菌存在，其活动过程对腐蚀的阴极去极化过程起促进作用。

❸ 改变金属所处环境的状况：如氧浓度、盐浓度、pH值等使金属表面形成局部腐蚀电池，加速腐蚀。

❹ 破坏金属表面有保护性的非金属覆盖层或缓蚀剂的稳定性。

● 腐蚀形貌

❶ 在金属表面伴有黏泥的沉积：细菌的分泌液与介质中的土粒、矿物质、死亡菌体及腐蚀产物等混合成黏泥，粘在金属表面，促进腐蚀。

❷ 腐蚀部位总带有孔蚀迹象：黏泥的覆盖引起氧浓差电池，造成在缺氧的黏泥下，金属电位变负，成为局部阳极，腐蚀严重。

微生物腐蚀的机理分析

● 实例：微生物引起的供水管壁的腐蚀，如图13-17所示。

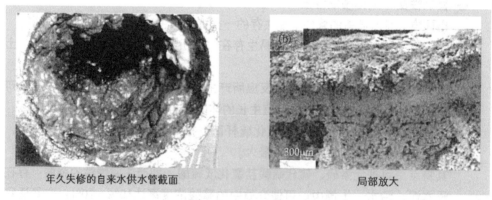

年久失修的自来水供水管截面   局部放大

图13-17　供水管壁微生物腐蚀

虽然出厂水通过加氯消毒，其中大量微生物已经杀死，而且管网水含有一定的余氯量以继续保持杀菌作用，但在用水终端还是会出现含菌量不合格，常见有铁细菌和硫酸盐还原菌，它们与腐蚀协同作用，大大加快了管道的腐蚀结垢速度，加大水的浑浊度、色度、有机物污染。这种微生物造成的二次污染，主要发生在城市管网末梢，尤其是居住区管网和水箱等处。

● 铁细菌腐蚀机理

铁细菌是嗜氧菌，它依靠铁和氧来进行繁殖和生存，依靠亚铁离子（Fe^{2+}）氧

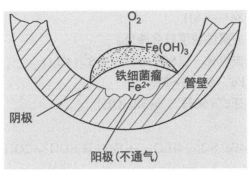

图13-18 铁细菌腐蚀示意图

化成铁离子所放出的能量来维持生命。铁细菌的腐蚀示意图见图13-18。铁细菌黏附在管壁上往往会形成红棕色到黑褐色的瘤，而瘤下面总是一个点蚀孔。

铁细菌形成的锈瘤，其表面是通气的，但锈瘤内部是贫氧区，有利于硫酸盐还原菌的繁殖，可见微生物腐蚀往往是多种微生物的协同作用的结果。

硫酸盐还原菌的腐蚀机理

硫酸盐还原菌在自然界中分布极广，在一般冷却水系统温度范围内可以生长，而且是耐热菌种（甚至可耐温达65℃），对钢铁的腐蚀影响很大。例如，在35℃的海泥中，在有或无硫酸盐还原菌存在下，对碳钢和铸铁腐蚀速度竟相差二十几倍。该菌的腐蚀机理示意见图13-19。

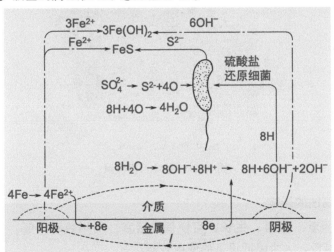

图13-19 硫酸盐还原菌腐蚀机理图解

❶ 硫酸盐还原菌所具有的氢化酶能移去阴极区的氢原子，促进腐蚀过程中的阴极去极化反应，从而加速腐蚀。

反应如下：

阳极反应　$4Fe \longrightarrow 4Fe^{2+}+8e$

水电离　　$8H_2O \longrightarrow 8H^++8OH^-$

阴极反应　　$8H^+ + 8e \longrightarrow 8H$

如果H不及时移去腐蚀速度就会降低。

细菌引起的阴极去极化　　$SO_4^{2-} + 8H \longrightarrow S^{2-} + 4H_2O$

生成腐蚀产物　　$Fe^{2+} + S^{2-} \longrightarrow FeS$

$$3Fe^{2+} + 6OH^- \longrightarrow 3Fe(OH)_2$$

整个腐蚀反应是

$$4Fe + SO_4^{2-} + 4H_2O \longrightarrow FeS + 3Fe(OH)_2 + 2OH^-$$

❷ 硫酸盐还原菌造成的腐蚀类型常为孔蚀等局部腐蚀，腐蚀产物通常是黑色的并带有难闻的气味（硫化物）。

海生物附着污损

● 形成

将金属浸入海水中，几小时后就会附着一层生物黏泥（生物膜），它里面有活的细菌、其他的微生物以及它们的黏附物。然后在生物膜上又会吸附其他固着生物，如藤壶、牡蛎、珊瑚、海藻、硅质海绵等海生物，如图13-20所示。

图13-20　生物污损样例

● 海生物对腐蚀的影响

海生物的吸着、聚集、生长，可使管线堵塞，换热效率降低，使船舶阻力增大、航速减低，大大降低设备的使用效能。

不仅如此，更重要的是：由于新陈代谢作用，分泌出具有腐蚀作用的有机酸、NH_4OH和H_2S等，另外由于光合作用而放出氧，导致局部氧浓差的腐蚀。

生物腐蚀的主要控制途径

控制海洋生物腐蚀，在本质上是要能有效控制生物膜在材料表面的形成和发展，要知道生物膜是地球上最古老而又很成功的生命生活方式。除了生物膜自身的顽强性外，人们对微生物腐蚀及生物污损的认识还很不深刻，这也对有效解决该问题形成制约。

针对海洋生物的腐蚀，采用的各种方法根据原理大致可分为四类：

◉ 物理法

以减少或阻止污损生物的附着为目的的方法，如机械清除法、水喷射流除污法、超声波防污法等。该法的缺点是费时、费力、防护周期短，后期还须经常维护。

◉ 化学法

是指利用特定的化学物质对污损生物进行灭活和毒杀，干扰其附着的过程和强度。

❶ 用杀菌剂或抑菌剂。对于铁细菌可通氯杀灭，残留含氯量一般控制在 $0.1 \sim 1ppm$（$1ppm = 10^{-6}$，下同）。对于抑制硫酸盐还原菌用铬酸盐很有效，加入量约为 $2ppm$。另外季铵盐能使细菌细胞自溶而死亡，而且也能对污泥有剥离作用，亦是一种有效的杀菌剂。

❷ 防污涂料。在其中占主导地位的是含有氧化亚铜类防污剂的防污涂料，其使用效果较好。

❸ 防污橡胶。化学法的缺点是有毒物质会污染海洋环境，对人类也有较大危害。

◉ 电化学法

❶ 电解防污：如电解产生氯可杀灭细菌和海生物。

❷ 阴极保护：防金属腐蚀同时，可使表面pH升高，抑制微生物和海洋生物附着和生长。与涂料结合效果更好。

◉ 生物防污法

该法具有效果显著、无毒无公害、防污周期长等优点，但目前尚在研究阶段。

金属在常用介质中的腐蚀

化工介质种类繁多，这里主要在酸、碱、盐溶液及工业冷却水方面进行具体分析。

14.1 金属在酸中的腐蚀

酸类对金属的腐蚀情况，要视其是氧化性的还是非氧化性的。非氧化性酸的腐蚀特点是阴极过程纯粹为氢去极化过程，而氧化性酸中腐蚀的阴极过程主要为氧化剂还原过程。但不必将酸硬性地去划分，只要给出一定条件（如酸的浓度、温度、金属在酸中的电极电位）就能判断出该种酸主要是氧化性的还是非氧化性的。

金属在盐酸中的腐蚀

● **腐蚀特点**

盐酸是典型的非氧化性酸，金属在盐酸中腐蚀的阳极过程是金属的溶解

$$M \longrightarrow M^{n+} + ne$$

阴极过程是 H^+ 的还原

$$2H^+ + 2e \longrightarrow H_2 \uparrow$$

很多金属在盐酸中都受到腐蚀而放出氢气，即为氢去极化腐蚀。

● **影响因素**

❶ 金属本质的影响

钢铁中所含阴极性杂质的氢过电位越小，则腐蚀越严重（图8-5）。

碳钢和铸铁及其含的碳（以 Fe_3C 形式存在）的过电位都很低，所以在盐酸中腐蚀严重，且阴极性杂质越多，阴极面积越大，氢过电位就越小，氢去极化腐蚀就越严重。所以铁在盐酸中的腐蚀随含C量的增加而加剧。

金属表面状态若粗糙，实际面积大，电流密度小，氢过电位小，氢去极化腐蚀也就较严重。

❷ 介质的影响

随盐酸浓度增加或溶液pH值降低（图8-3），H^+浓度增加，氢的平衡电极电位往正方向移动，在过电位不变的情况下，腐蚀动力增大，腐蚀加剧。

有一些物质能吸附在金属表面上，使氢过电位增大，从而减轻了腐蚀。基

于此原因，如胺类、醛类等有机物质在酸性溶液中是很好的缓蚀剂。

❸ 温度的影响

随着温度的升高，氢过电位减小。一般温度升高1℃，过电位减小2mV，氢去极化腐蚀加剧。

● 材料的应用

盐酸是腐蚀性最强的强酸之一。多数常用金属和合金都不耐盐酸腐蚀。如果同时存在空气或其他氧化剂，腐蚀环境就变得更恶劣。例如，对于含有一定量$FeCl_3$等的热浓盐酸，至今难以找到一种工业金属或非金属材料能抗其腐蚀。碳钢或低合金钢一般不适用于盐酸介质中，耐盐酸的金属材料仅限于钽、锆等具有极强钝性的特殊金属。铜、青铜、镍、高硅铁、316不锈钢等仅能在一定条件下使用，不能用于热盐酸。

金属在硫酸中的腐蚀

● 腐蚀特点

稀硫酸是非氧化性酸，铁在其中的腐蚀与在盐酸中一样，属氢去极化腐蚀。而浓硫酸有氧化性，能使铁钝化，从而使其腐蚀速度大大降低。

● 影响因素

❶ 介质浓度的影响

当硫酸浓度低于50%时，铁的腐蚀速度随酸的浓度增大而加快，产生强烈的氢去极化腐蚀，如图14-1所示。

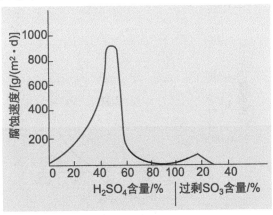

图14-1　铁的腐蚀速度与硫酸浓度的关系

当酸浓度超过50%以后，酸的氧化性使铁产生钝化，腐蚀速度迅速下降，在70%~100%时，腐蚀速度很小，所以工业上允许用碳钢制造盛放78%~100%浓度的硫酸设备。

❷ 材料的影响

铝：如图14-2所示，在稀硫酸中，铝较稳定，而在中等浓度和高浓度的硫酸中却不稳定，但在发烟硫酸中，特别当三氧化硫含量高时又很稳定。

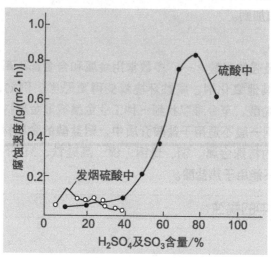

图14-2 硫酸浓度对于铝腐蚀速度的影响

铅：在60%以下的稀硫酸中，铁碳合金和不锈钢等常用金属材料都会产生强烈的腐蚀；而铅在稀硫酸或硫酸盐溶液中，却具有特别高的耐蚀性（图14-3）。这是由于在铅的表面生成了一层致密并结合牢固的硫酸铅保护膜。但在热浓的硫酸中，保护膜却非常易于溶解，生成了$Pb(HSO_4)_2$，所以铅在这类介质中不耐蚀。由于Pb很软，多作衬里材料用。

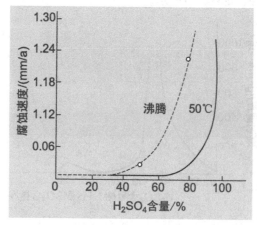

图14-3 硫酸温度、浓度对铅腐蚀速度的影响

❸ 温度影响

通常温度升高，腐蚀随之增大（图14-3），这是由于在氧化性浓硫酸中，随温度升高钝化更为困难。

● **材料的应用**

铸铁：和铁类似，在85%～100%硫酸中非常稳定，工业上常用来制作泵等输送设备。但在浓度高于125%发烟硫酸中，由于铸铁中硅和石墨的氧化而产生晶间腐蚀，在这种浓度下不能使用铸铁。

铅：在稀H_2SO_4中稳定，常作稀硫酸设备的衬里材料。如铅中加入6%～13%锑的硬铅，适用于制造强度要求高的制件，如耐酸泵和阀等，而其耐蚀性比纯铅要低一些。

铅在亚硫酸、冷磷酸、铬酸、氢氟酸中都很稳定。铅是一种贵重的有色金属材料，现已被非金属材料，如聚氯乙烯、玻璃钢等大量代替。

钢和铅在室温时，它们耐蚀性范围正好互补。硫酸浓度低于70%时，碳钢腐蚀严重，而对铅的腐蚀很小；当浓度高于70%时，碳钢却有很好的耐蚀性。所以浓度小于70%的H_2SO_4可用铅制的设备储运，而浓度大于70%时，则碳钢可作为贮罐与运输管线材料。碳钢也可用于浓度超过100%的中温发烟硫酸中。

高硅铸铁：常用于硫酸中的高硅铸铁含约14.5% Si，对沸点以下的各种温度和浓度的硫酸都有良好的耐蚀性，高硅铸铁表面生成的钝化膜耐磨性也很好，甚至在磨损腐蚀十分严重的酸性泥浆中也能使用。可用于制造泵、阀、换热器、硫酸浓缩加热管、槽出口等。其缺点是质硬而脆，加工困难，也不耐剧烈的温度变化。它也不适用于发烟硫酸中。

特 别 注 意

❶ 暴露在空气中的硫酸强烈吸水，会被稀释，大大加剧碳钢设备的腐蚀。
❷ 在高速流动水中，保护性盐膜会被冲刷破坏，腐蚀大大加剧。

金属在硝酸中的腐蚀

● **腐蚀的特点**

硝酸是氧化性强酸，金属的耐蚀性与硝酸浓度关系很大，如图14-4所示。

当硝酸的浓度小于30%时，碳钢属于氢去极化腐蚀，且随酸的浓度增大而加剧；当超过此浓度时，由于钝化，腐蚀速度迅速下降；当浓度为50%时，腐蚀速度最小。当浓度超过85%时，由于碳钢表面形成了易溶解的高价氧化物，腐蚀速度再度增大。亦会出现晶间腐蚀。

● **材料的应用**

不锈钢：是硝酸系统中被大量采用的耐蚀材料，例如在硝酸铵、硝酸生产中大部分设备都用不锈钢制造。

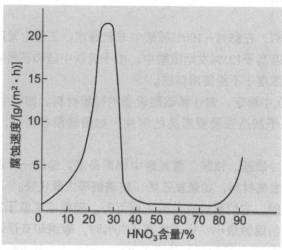

图14-4　低碳钢在25℃时腐蚀速度与硝酸浓度的关系

不锈钢在稀硝酸中都很耐蚀，尽管稀硝酸的氧化性很弱，但仍然能使不锈钢钝化，腐蚀速度很小，不会发生氢去极化腐蚀。但它在浓硝酸中，会因过钝化使腐蚀速度增大。此外，在某些条件下还会发生晶间腐蚀、孔蚀和应力腐蚀等局部腐蚀。

铝：和不锈钢及碳钢不同，在非常浓的硝酸中铝并不发生过钝化（见图14-5）。可见，当硝酸浓度在80%以上时，铝的耐蚀性比不锈钢要好得多，所以铝是制造浓硝酸设备的优良材料之一。

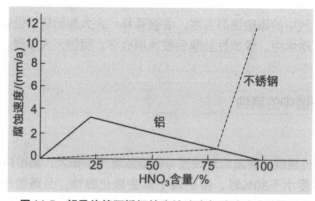

图14-5　铝及铬镍不锈钢的腐蚀速度与硝酸浓度的关系

特别提示

　　用铝制造浓硝酸设备，必须采用纯铝（99.6%以上）。如果含有正电性的金属杂质（如Cu、Fe），会大大降低铝的耐蚀性。

高硅铸铁：在硝酸中它有突出的耐蚀性，但只适用于铸件，且力学性能很差。但因其价廉又适用于高浓度的严酷条件，所以也经常使用。

14.2　金属在碱中的腐蚀

随着溶液pH值升高，氢的平衡电极电位负移，当溶液中氢的平衡电位比金属中阳极组分的电位还负时，氢去极化腐蚀停止，而发生着另一类较为普遍的腐蚀——氧去极化腐蚀。

腐蚀特点

由图14-6可见：

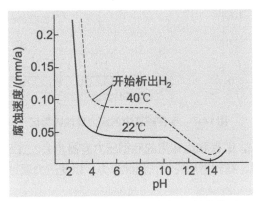

图14-6　铁的腐蚀速度与溶液pH值的关系

（在酸性范围内添加HCl，在碱性范围内，添加NaOH）

● **当pH为4～9时**

腐蚀速度几乎与pH值无关。这是由于在中性和近中性溶液中，腐蚀受氧的扩散控制，而氧的溶解度及其扩散速度基本上都不随pH值的变化而变化。

● **当pH值为9～14时**

铁的腐蚀速度大大降低，这主要是腐蚀产物（氢氧化铁膜）在碱中的溶解度很低，并能牢固地覆盖在金属表面上，阻滞金属的腐蚀。

● **当碱的浓度增高（pH值超过14）时**

此时腐蚀增大，这是由于氢氧化铁膜转变为可溶性的铁酸钠。如碱液的温度再升高，这一过程加速腐蚀更为强烈。

● **应力腐蚀破裂——碱脆**

如果碳钢承受较大的应力，它在碱液中还会产生腐蚀破裂，这就是常说的"碱脆"。例如铸铁的熬碱锅，锅外壁温度可达1100～1200℃，内壁温度约为450℃，而且熬碱锅是一个时期加热，一个时期冷却，这样使锅内产生很大的内应力，在应力和浓碱的作用下锅壁常开裂而报废。又如在氯碱生产中，设备的高应力区（铆钉缝合处、焊接区、胀管处等）也常有相当高浓度的碱与应力联合作用，导致碱脆的发生。

热碱液中受应力的钢的破裂区见图14-7，实际上，对于50%的碱，应力腐蚀破裂约在50℃（约125℉）以上发生。如果碱浓度变稀，温度降低，破裂发生的可能性则大为减小。

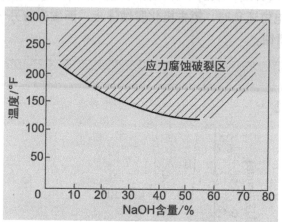

图14-7　钢在碱液中的应力腐蚀破裂区

另外，在农用氨中，贮存和运输用的碳钢压力容器也会发生应力腐蚀破裂。因此，对于这种压力容器，在制造后应设法消除应力，以使应力腐蚀破裂减至最小程度。

材料的应用

● 铁和钢

常温下，铁和钢在碱中是十分稳定的，因此，在碱生产中，最常用的材料是碳钢和铸铁。当氢氧化钠的浓度高于30%时，腐蚀产物膜的保护性能随浓度升高而降低；若温度超过80℃，普通钢铁就会产生严重的腐蚀。

碳钢在氨中也有类似的情况，碳钢在稀氨水中腐蚀很轻，但在热浓的氨水中腐蚀速度亦增大。

● 镍及其合金

对于高温、高浓度的碱，镍及其合金的耐蚀性很好。镍通常用于最苛刻的碱介质条件或对金属离子污染限量最低的地方。镍极低的腐蚀速率（包括在熔融NaOH中）以及它的抗应力腐蚀特性，使得镍成为处理强碱的优良材料。在高浓度（如75%～98%的NaOH中）高温（>300℃）的NaOH、KOH中，最好使用低碳镍，否则会产生晶间腐蚀和应力腐蚀。

● 不锈钢

奥氏体不锈钢在碱溶液中耐蚀性很好，随着钢中镍含量的增加，其耐蚀性提高；但钢中含钼是有害的。

14.3 金属在盐类溶液中的腐蚀

根据盐溶于水中后的酸碱性、氧化性，可将盐类分成表14-1中的几类。

表14-1 某些无机盐的分类

项　目	中　性　盐	酸　性　盐	碱　性　盐
非氧化性	氯化钠（NaCl） 氯化钾（KCl） 硫酸钠（Na_2SO_4） 硫酸钾（K_2SO_4） 氯化锂（LiCl）	氯化铵（NH_4Cl） 硫酸铵 $[(NH_4)_2SO_4]$ 氯化镁（$MgCl_2$） 氯化锰（$MnCl_2$） 二氧化铁（$FeCl_2$） 硫酸镍（$NiSO_4$）	硫化钠（Na_2S） 碳酸钠（Na_2CO_3） 硅酸钠（Na_2SiO_3） 磷酸钠（Na_3PO_4） 硼酸钠（$Na_2B_2O_7$）
氧化性	硝酸钠（$NaNO_3$） 亚硝酸钠（$NaNO_2$） 铬酸钾（K_2CrO_4） 重铬酸钾（K_2CrO_7） 高锰酸钾（$KMnO_4$）	三氯化铁（$FeCl_3$） 二氯化铜（$CuCl_2$） 氯化汞（$HgCl_2$） 硝酸铵（NH_4NO_3）	次氯酸钠（NaClO） 次氯酸钙 $[Ca(ClO)_2]$

- **中性盐**

钢铁在这些盐中的腐蚀是属于氧去极化腐蚀。铁和钢的腐蚀速度与水溶液中盐的浓度关系示于图14-8。

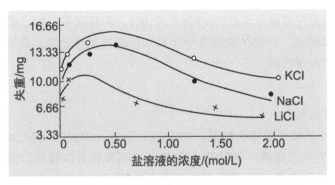

图14-8 铁和钢的腐蚀速度与水溶液中盐的浓度关系

开始时，腐蚀速度随浓度的增大而增大，当浓度达到某一数值（如NaCl为3%）时，腐蚀速度最大（这一浓度相当于海水的浓度），然后腐蚀速度又随浓度增加而下降，这是因为：

❶ 氧的溶解度随盐的浓度增加连续下降，如图14-9所示，使腐蚀速度下降。

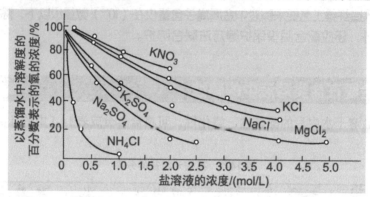

图14-9　盐类浓度对于氧在25℃的不同盐溶液中的溶解度的影响

❷ 随盐的浓度增加，导电性增加，腐蚀速度加快。

由于两个相反的因素，腐蚀速度有一个极值，出现一个最高点。所以大多数金属（特别是铁），由于在这些溶液中是氧去极化腐蚀，所以在高盐浓度下，腐蚀速度是较低的，例如在饱和盐水中腐蚀要比海水中轻。

● **酸性盐**

这些盐类由于水解后生成酸，所以对铁的腐蚀既有氧的去极化作用，又有氢去极化作用，其腐蚀速度与相同pH值的酸差不多，但在下列情况下腐蚀速度会大些：

❶ 有络合离子存在，如NH_4^+存在时，它和铁离子能生成络合离子，加速了腐蚀。

❷ 有氧化性离子，如硝酸铵在高浓度时，由于NO_3^-也参加阴极去极化作用，所以它的腐蚀性要比氯化铵和硫酸铵大。

● **碱性盐**

这类盐水解后生成碱，当它的pH值大于10时，和稀碱液一样，腐蚀速度小。这些盐如磷酸钠、硅酸钠的溶液中金属表面都能生成盐膜，具有很好的保护性能，故常用作缓蚀剂。

● **氧化性盐**

氧化性盐有两种：

❶ 含有卤素离子的氧化性盐，如$FeCl_3$、$CuCl_2$、$HgCl_2$、$NaClO$等。这类盐是极强的去极化剂，同时又含有Cl^-，也不能使金属钝化，双重作用使金属腐蚀特别严重。几乎所有的实用金属都不耐这些氧化性盐溶液的腐蚀。氧化性盐溶液对不锈钢还能产生严重的局部腐蚀。

❷ 不含卤素离子的氧化性盐，如K_2ClO_4、$NaNO_2$、$KMnO_4$等。这些盐能使钢铁钝化，只要用量适当，通常是很好的缓蚀剂。

14.4 金属在卤素中的腐蚀

腐蚀特点

🔘 卤素是一些活泼性高的元素，但无水的液体或气体卤素，在一般温度下，对多数金属是不腐蚀的。例如钢在室温至-260℃时不被任何无水卤素所腐蚀。无机的和有机的卤化物在干燥的情况下，基本上腐蚀性小。

🔘 水分的存在，通常使卤素对普通的结构材料产生严重腐蚀，这归因于卤素水解后生成酸和氧化剂，如氯与水的反应：

$$Cl_2+H_2O \Longleftrightarrow HClO+HCl$$

🔘 次氯酸（HClO）是强氧化剂，与盐酸联合，对大多数金属产生强烈的腐蚀。

🔘 提高温度，会加大湿的、干的卤素的腐蚀性。高温时，湿卤素比干卤素的腐蚀倾向更大。据报导，当温度高至370℃时，不锈钢在含0.4%水分的氯气中要比干氯气中的腐蚀速度更大。

钛在湿氯中的耐蚀性

钛在湿氯中是耐蚀的。据报道，钛的钝化需要水分，而抑止钛在氯中腐蚀所需的水量随温度、气体运动和压力的变化而变化。99.5%的纯氯气、静态、室温时，约需0.93%的水。

14.5 金属在工业冷却水中的腐蚀

工业水按其用途可分为冷却水、锅炉用水和其他工业用水（洗涤水、空调水、工艺用水等）。全世界的用水量中，工业水所占比例约为60%～80%。工业水对金属的腐蚀是一个普遍现象，尤其是关键设备换热器经常遭到水的腐蚀。

随着工业生产的迅速发展，工业用淡水资源和供应日益紧张，为了提高水的有效利用率就必须大量使用循环冷却水。

循环冷却水的复杂性

🔘 开放式循环冷却水是经过凉水塔冷却后再回用的，因此，这是一种充分充气的含氧水，腐蚀性是很强的。主要是氧去极化腐蚀。

🔘 由于循环水的浓缩倍数提高了，使水中的多种盐分都超过了它们的溶解度，会产生沉淀，这些盐分有碳酸钙、硫酸钙、磷酸钙及硅酸镁等，会造成结垢。

- 循环冷却水的沉淀物不仅包括盐量，只单一生成碳酸钙垢，而是还包括悬浮物以及微生物、腐蚀产物，往往是一种混合的泥垢较多。
- 循环冷却水中的微生物主要是硫酸盐还原菌和铁细菌。

可见循环冷却水中的腐蚀、结垢、微生物问题是同时存在，相互促进的，因此，解决方案必须同时兼顾，全面处理。

循环冷却水的腐蚀控制

腐蚀控制措施应从三方面同时考虑。

- **防腐缓蚀剂**

投加缓蚀剂是利用得最多的防腐蚀手段，其优点是整个冷却水系统中的设备、管线、阀门等，凡是与水接触的金属部分都能受到保护，这是其他方法无法相比的。

铬酸盐： 经济高效，有毒性。限于排放污染问题，已禁用。

锌盐： 成本低，在金属表面成膜快。单独使用效果差，对水生物有一定毒性。

硅酸盐： 无毒，成本低，能用于冷却水中多种金属。单独使用效果差，易生成硅垢，难以去除，使用中必须注意。

钼酸盐： 低毒、无公害、效率高，在严格限磷排放时有较高的推广价值。单独使用，用量大，费用高。如当浓度为4.0g/L时，钼酸钠对一般碳钢、硅钢及铝的缓蚀率可达到99%。

聚磷酸盐： 缓蚀效果好，用量小，成本低，无毒性，同时兼有阻垢作用，使用广泛。但它易于水解生成磷酸钙垢，排放后易造成水体富营养化，对铜和铜合金有侵蚀性。

有机多元膦酸盐： 有机膦酸盐很多方面与聚磷酸盐相似。它们都能与金属离子络合；稳定铁和水中形成垢的化合物而不析出，它们都能在金属表面形成保护膜，有机膦酸盐在控制结垢方面比聚磷酸盐好，而聚磷酸盐在防腐蚀方面比有机膦酸盐好。但是有机多元膦酸盐并不像聚磷酸盐那样易于水解为正磷酸盐，这是它们一个很突出的优点。有机多元膦酸盐已被应用于水质较硬和pH较高的冷却水系统控制腐蚀和结垢，价格较贵。

常用的有机多元膦酸盐有：氨基三亚甲基膦酸（ATMP），羟基亚乙基二膦酸（HEDP），乙二胺四亚甲基膦酸（EDTMP）等及其盐类。

巯基苯并噻唑（BMT）： 对铜和铜合金特别有效，用量少，例如浓度2mg/L的BMT可使铜和铜合金腐蚀速率降至很低，它还能防止已存在于水中溶解的铜在钢铁或铝表面上沉淀下来而形成的电偶腐蚀。但它对氯和氯胺很敏感，易被氧化而受破坏。

苯并三唑（BTA）： 也是对铜和铜合金非常有效的缓蚀剂，它不但能抑制铜溶入水中，而且还能使已存在水中的铜钝化，阻止铜在钢、铝、锌及镀锌铁等金属上沉积，还能防止多金属系统中的电偶腐蚀和黄铜的脱锌。

它很耐氧化，即使冷却水中有游离氯存在，它的缓蚀能力被破坏，但余氯耗完后，它的缓蚀作用又会恢复。

复合缓蚀剂 实践中，多是将两种以上的缓蚀剂联合使用，利用缓蚀剂的协同增效作用，相互弥补缺点。如果系统中同时用了多种金属，就应用多种缓蚀剂来保护多种金属，使金属系统均得到很好的保护。复合的缓蚀剂主要有磷系、硅系和钼系。

磷系：聚磷酸盐-锌盐；

聚磷酸盐-有机膦酸盐；

聚磷酸盐-有机膦酸盐-巯基苯并噻唑等。

硅系：硅酸盐、有机膦酸盐-苯并三唑等。

钼系：钼酸盐、有机膦酸盐-唑类等。

阻垢剂

常用的阻垢剂有如下两个类别。

天然聚合物：如磺化木质素、丹宁等，价廉。浓缩倍数较高的冷却系统不能单独使用，效果不太好。

合成聚合物：如聚丙烯酸、聚甲基丙烯酸、聚马来酸及丙烯酸与马来酸的共聚物等。

马来酸（酐）阻垢性能好，可用于高pH值下，有分散磷酸钙的效能；在总硬1000ppm（以$CaCO_3$计，$1ppm=10^{-6}$）的水质中，仍有阻垢作用；热稳定性好。

聚磷酸盐、有机膦酸盐，主要是缓蚀剂，也同时有阻垢作用。

杀微生物剂

常用的杀菌剂有以下几类。

氯：很少量即可速效杀菌，价廉，操作方便，得到广泛应用。但冷却水pH值到9时，杀菌效果较差，如Cl^-增加，对许多设备有腐蚀性，特别是对不锈钢设备。

氯酸类：杀菌力强，成本低，但污染环境。

季铵盐：高效低毒，使用方便，但价格较贵。

另外，涂层与阴极保护联合防腐蚀，也能设法起到杀灭微生物的作用。

敞开式循环冷却水系统

敞开式循环冷却水系统是将冷却水通过敞开式蒸发而得到冷却（热量为空气带走），系统中的水可以循环使用，直至被浓缩到一定的浓缩倍数后再行排放的冷却系统（图14-10）。

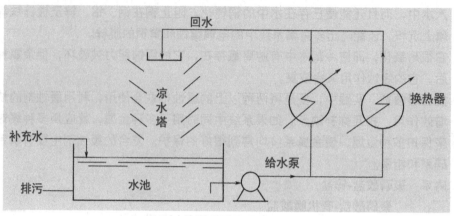

图14-10　敞开式循环冷却水系统示意

该系统的优点：

❶ 可以节约用水约95%或更多；

❷ 便于用缓蚀剂和阻垢剂来控制系统的腐蚀与结垢；

❸ 便于防止环境污染。

但敞开式循环冷却系统的设备和管理要求较高，冷却水的水温受季节影响较大，其冷却效果较不稳定。

海水直流冷却水系统

我国淡水严重短缺，又有漫长的海岸线，海水资源丰富，大力开发海水直流冷却系统迫在眉睫。

🔵 直流冷却水又称一次冷却水，水从水源流经冷却设备或换热器进行换热后，就直接排放掉或作他用。其中的水只被利用换热一次。

直流冷却水系统的示意如图14-11所示。

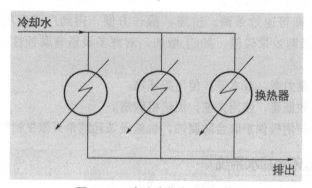

图14-11　直流冷却水系统示意

🔵 与循环冷却水系统相比，直流水的优点如下：

❶ 直流冷却用水量很大，因此发展海水冷却前景很广阔，海水温度低，冷却效

果好。

❷ 冷却设备尺寸可较小，管理简单。

❸ 避免了水循环的动力设备，节约能源。

● 海水直流冷却水系统腐蚀与控制

海水直流冷却水系统腐蚀主要是氧去极化腐蚀，但由于有活性离子Cl^-存在，许多材料不能用（包括普通不锈钢）；另外，海生物附着的污损严重。

控制方法：

❶ **选择双相不锈钢，**这类钢在上海金山某厂使用多年，耐蚀性好；

❷ **防污涂料与阴极保护联合防护；**

❸ **加快双保护研究，**双保护即对系统设备进行阴极保护，而辅助阳极选择适当，使析出的Cl_2可以有效杀灭生物。

腐蚀控制篇

腐蚀控制不是去改变客观规律
而只是在腐蚀过程的可能细节中
设置障碍，使腐蚀速度大大降低

15 电化学保护

用电化学保护控制金属腐蚀的方法有两种：一是阴极保护法，二是阳极保护法。

15.1 阴极保护原理及实施条件

概况

阴极保护中，将被保护设备变成阴极并阴极极化，从而达到控制腐蚀的目的。阴极极化可以通过两种方式来实现。

● 外加电流法

将被保护设备与直流电源的负极相连，利用外加阴极电流进行阴极极化，这种方法称为外加电流阴极保护法，如图15-1所示。

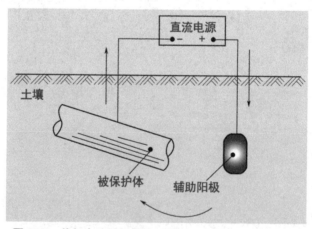

图15-1　外加电流阴极保护示意图（箭头表示电流方向）

● 牺牲阳极法

在被保护设备上连接一个电位更负的金属作为阳极（例如在钢设备上连接一块锌），它与被保护金属在电解质溶液中形成了大电池，使金属设备成为阴极而阴极极化，这种方法称为牺牲阳极阴极保护法，如图15-2所示。

实际上，被保护设备获得的阴极电流是由电位更负的作为阳极的金属溶解（牺牲）而提供的。

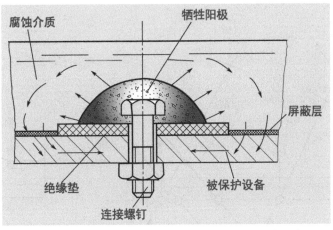

图15-2　牺牲阳极阴极保护示意图（箭头表示电流方向）

阴极保护的基本原理

外加电流法原理

任何工程应用的金属材料放入介质中后，就已经是一个极化了的电极。它的电极过程由金属溶解反应和溶液中的去极化剂的还原反应共同组成。

此时可以测得一个腐蚀电位E_c和一个腐蚀电流i_c，它的极化图如图15-3所示。

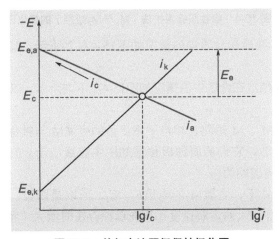

图15-3　外加电流阴极保护极化图

当对被保护材料施加阴极电流时，腐蚀电位负移，此时的腐蚀阳极电流i_a减小，即原来的腐蚀电流i_c减小；当电位负移至腐蚀阳极反应的平衡电位$E_{e,\,a}$时，阳极电流i_a为零，此时该材料被完全保护，不再发生腐蚀（$i_c=i_a=0$）。

牺牲阳极阴极保护法原理

牺牲阳极法保护的极化图解如图15-4。

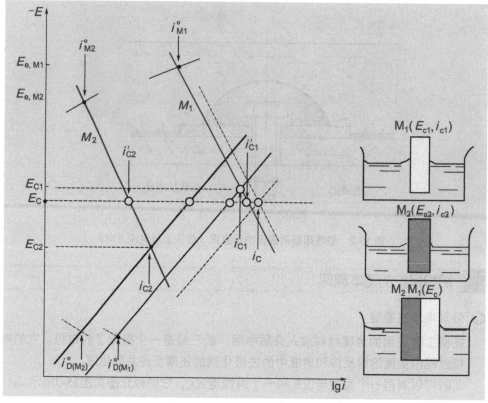

图15-4　牺牲阳极保护法（M_1 与 M_2 短接）的极化图

❶ 把金属 M_1 单独放在介质中的情况如图15-4右上所示，其腐蚀电位为 E_{c1}，腐蚀电流为 i_{c1}。

❷ 将金属 M_2 单独放在介质中的情况如图15-4左下方所示，其腐蚀电位为 E_{c2}，腐蚀电流为 i_{c2}。

❸ 假如把金属 M_1、M_2 短路，相当于把更负的金属 M_1 与被保护金属 M_2 连接（见图15-4右下），它们的腐蚀极化图如图中虚线所示。它们的总腐蚀电位为 E_c，总腐蚀电流均为 i_c。

❹ 体系在 E_c 条件下，金属 M_1 的电位 $E_{c1} < E_c$，所以是阳极，此时它的腐蚀电流从 i_{c1} 上升至 i'_{c1}，M_1 的溶解速度比原先单独存在时增大（牺牲）了。

金属 M_2 的电位 $E_{c2} > E_c$，所以是阴极，此时，它的腐蚀电流从 i_{c2} 降低至 i'_{c2}，M_2 的溶解速度大大减小了，M_1 受到了保护。

这就是牺牲阳阴极保护的基本原理。

阴极保护的控制参数

● 最小保护电位

从极化图中可以看出，要使金属达到完全保护，必须将金属加以阴极极化，使它的总电位（腐蚀电位E_c）达到其腐蚀电池阳极的平衡电极电位（$E_{e,a}$），腐蚀完全停止（$i_c=0$）。这时的电位称为最小保护电位，其数值与金属种类、介质条件有关。所以最小保护电位就是被保护金属开始获得完全阴极保护的起始电位，高于此电位时，金属将达不到完全保护的水平。表15-1列出一些最小保护电位值。

最小保护电流密度

使金属得到完全保时所需的电流密度称为最小保护电流密度。它的数值与金属的种类、金属的表面状态（有无保护膜、漆膜的完整程度等）、介质条件（组成、浓度、温度、流速等）有关。

表15-1　英国标准中阴极保护最小电位值　　　　　　　　　　V

金属或合金		参　比　电　极			
		铜/饱和硫酸铜（土壤和淡水）	银/氯化银/饱和氯化钾（任何电解质）	银/氯化银/海水①	锌/海水①
铁和钢	通气环境	-0.85	-0.75	-0.8	0.25
	不通气环境	-0.95	-0.85	-0.9	0.15
铅		-0.6	-0.5	-0.55	0.5
铜合金		-0.5～-0.65	-0.4～-0.55	-0.45～-0.6	0.6～0.45
铝	正极限	-0.95	-0.85	-0.9	0.15
	负极限	-1.2	-1.1	-1.15	-0.1

① 用于清洁、未稀释和充气的海水中，海水直接和金属电极相接触。
注：所有计算都以0.05V作了四舍五入。

特别提示

- 阴极保护的控制参数中，保护电位是主要的，因为电极过程决定于电位。保护电位决定金属的保护程度并用来判断和控制阴极保护是否完全。
- 要防止过保护！如果过度阴极极化，被保护设备表面析H_2严重，会导致氢损伤。

阴极保护的应用范围

阴极保护的效果很好，是一种安全性保护方法，而且简单易行，因此使用广泛，包括：

- 地下输油及输气管线、地下电缆等；
- 海上舰船、采油平台、水闸、码头等；
- 化工生产中，海水、河水冷却设备、卤化物结晶槽、制盐蒸发器、浓缩硫酸盐及苛性钠的设备等；

- 防止某些金属的应力腐蚀破裂、腐蚀疲劳、黄铜脱锌等特殊腐蚀也很有效;
- 只要是电化学因素控制为主的腐蚀,阴极保护均有效,例如磨损腐蚀,对海水输送泵等也不失是一种好的防护方法。

实施阴极保护的必备条件

- 腐蚀介质必须能导电,且要足以建立连续的电路。如大气中及不导电的系统中不适用。
- 金属材料所处的介质体系中,要容易进行阴极极化,否则耗电太大不经济。故适用于中性、碱性介质中。

  如果原来处在钝态的金属,阴极极化会使其活化,反而加剧腐蚀,此种情况也不适宜采用阴极保护。
- 被保护设备的形状、结构不要太复杂,否则可产生"遮蔽现象",使电流分布不均,造成局部过保护或局部保护不足。

15.2 实施外加电流阴极保护的几个要点

合理的保护电位

在实施阴极保护时,并不追求理论上完全保护时的保护电位,而是必须考虑下列因素。

- 日常消耗电能要小。要有一定的保护效果,但不追求100%保护度,否则往往会使耗电太大而不经济。
- 要防止"过保护"。如果电位太负,金属表面有H_2大量放出,会造成碳钢"氢损伤"而遭破坏。

合理保护电位的选取

经验值

在海水、土壤介质中,国内外已有多年的阴极保护实践经验,如对钢铁:相对腐蚀电位负移0.2～0.3 V;对铝(两性元素):相对腐蚀电位负移0.15 V。这些是粗略的估值,应注意在应用中的变化加以适当修正。

另外,在石油化工生产中,由于工艺复杂,介质种类繁多,数据积累不多等情况,需用实验求取。

实验求取

① 分清两种极化曲线

理论的极化曲线如图15-5中的实线所示。它的起点是平衡电极电位。由它们组成的腐蚀极化图也是理论的极化图。它虽然不能直接测得,需用实测的极化曲线再加实验并计算而得。但它说明腐蚀问题简明、形象,所以人们常常应用它。

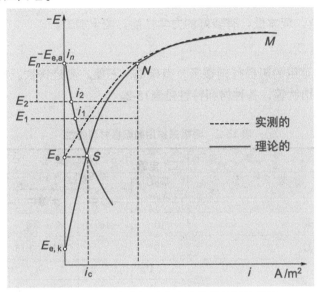

图15-5　金属在电解质溶液中的阴极极化曲线

❷ 测定实测的极化曲线（见图15-5中虚线）

实际使用的材料作为电极放在溶液中，它已经是极化了的电极，所测得的电位就是腐蚀电位E_c，所以实测的极化曲线的起点是腐蚀电位E_c。尽管两种极化曲线不同，但它们之间是有严格的定量关系，所以并不影响讨论腐蚀问题。

❸ 恒定各阴极电位下测定金属的失重，求取保护率

在腐蚀电位E_c更负的方向设E_1，E_2，$\cdots$，E_n的电位，分别在恒定的各电位下测量金属失重。随电位负移，金属失重减小。如发现某一电位下的失重为零，则该电位就是腐蚀阳极过程的平衡电位，即$E_n=E_{e,a}$（见图15-5）。如将各电位下的失重根据法拉第定律计算成i，就可得到E_c和$E_{e,a}$之区间的理想的极化曲线段。

特别注意

先绘制实测的阴极极化曲线，再测定恒定各阴极电位下的失重，可求出理论的阴极极化曲线，求取保护率，以提供选取合理保护电位的依据。

辅助阳极

对辅助阳极的要求

❶ 在所用介质中耐蚀，且在所处的阳极极化的条件下，溶解速度低。

❷ 具有良好的导电性，排流量大，即在一定电压下阳极单位面积上能通过的电

流大，并在高电流密度下极化小。

❸ 来源广泛，成本低，有较好的力学性能，便于加工。

● 阳极材料

阴极保护中可用的阳极材料很多，有碳钢、石墨、高硅铸铁、铅银合金、铅银嵌铂丝、镀铂钛等，各种材料特性见表15-2。

表15-2 阴极保护用的阳极材料特性

阳极材料	成　　分	工作电流密度/(A/m^2)	材料消耗率/[kg/($A \cdot a$)] 海水中	材料消耗率/[kg/($A \cdot a$)] 土壤中	备　　注
钢	低碳	10	10	9 ~ 10	废钢铁即可
磁性氧化铁	Fe_3O_4	40		0.02 ~ 0.15	
石墨	C	30 ~ 100	0.4 ~ 0.8		性脆，强度低
		5 ~ 20		0.04 ~ 0.16	
高硅铸铁	14.5% ~ 17% Si，0.3% ~ 0.8% Mn，0.5% ~ 0.8% C	55 ~ 100	0.45 ~ 1.1		性脆，坚硬，机械加工困难
		5 ~ 80		0.1 ~ 0.5	
铅银合金	（1）97% ~ 98% Pb，2% ~ 3% Ag（2）98% Pb，1% Ag，1% Sb（3）92% Pb，8% Sb	100 ~ 150	0.1 ~ 0.2		性能良好
铅银嵌铂	铅银合金中加入铂丝	500 ~ 1000	0.006		性能良好，铂与铅面积比1:100 ~ 1:200
镀铂钛	镀铂层厚2 ~ 8μm	300 ~ 1000	几毫克/(安・年)		性能良好，使用电压必须小于12 V
铂钯合金	10% ~ 20% Pd	1800	可忽略		性能良好

碳钢：来源广泛，价廉，加工性能好，是一种消耗性电极，可用废钢铁。在一定的碱性溶液中，其表面能生成Fe(OH)$_2$膜等，寿命较长。

石墨：耐蚀性比碳钢好，但质脆、安装不便，应用上受限制。

高硅铸铁：在盐水、土壤、酸性和中性介质中耐蚀性较高，是一种较好的阳极材料。但其硬度大，质脆，易碎裂，不易加工和焊接，应用受一定的限制。

铅银合金：含2% ~ 3%银的铅银合金在盐水、海水和含硫酸根离子的介质中，在一定的电流密度下，能生成致密又导电良好的过氧化铅（PbO_2）薄膜，阻止铅的进一步溶解。但在含CO_3^{2-}介质中不耐用。

铅银嵌铂：又称铅铂复合电极，相比铅银合金电极，能大大提高电极的工作电流；可在500 ～ 1000 A /m²下应用。

镀铂钛：铂是一种理想的阳极材料，能在很高的电流密度下工作，但资源稀缺；纯钛表面生成的膜在阳极状态下电阻很大，输不出电流，故不能作阳极。因此，镀铂钛能得到电化学性能与铂相近，而又有高机械强度且耗铂极少的阳极。但使用时，电压不能大于12V，否则会脱铂。

电流在阴极上的分布和阳极的布置

当保护电位确定后，阴极保护实际的效果主要是看能否在形状复杂的设备表面各处均匀地极化到所需的保护电位，也就是说，要看电流是否能均匀地到达被保护设备表面的各个部位。因此，把电流在电极上均匀分布的能力称作为"分散能力"。

● 遮蔽现象

结构复杂的设备进行阴极保护时，离辅助阳极近的地方，电流密度大；距阳极远的部位电流密度小，有些部位甚至得不到保护。这是由于电流有"走近路"的特点。这样就使离阳极近处，可能因极化到较负的电位甚至达到过保护；离阳极远的地方，有可能达不到完全保护甚至有的地方根本得不到保护。这种现象称为"遮蔽现象"，也就是这时的电流分散能力不好。

如图15-6所示，对管子内壁采用阴极保护时，距阳极近处优先吸收电流，而管子内壁距阳极较远处，得到电流少，保护效果就很差。

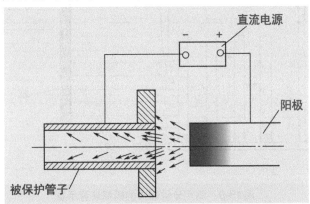

图15-6 管内壁阴极保护时的电流遮蔽现象

如图15-7所示，管束间距阳极近的列管电流密度大，电位负，保护效果好；管束中间的保护效果要差得多。

如图15-8所示，对于有突出部分的结构，突出部分保护效果很好，其他部分的则很弱。

● 分散能力测定

分散能力测定是指在阴极保护的极化条件下测定设备表面各部分的电位（图

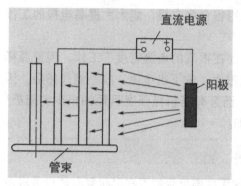

图 15-7　管束间实施阴极保护时的电流遮蔽作用

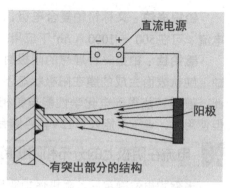

图 15-8　有突出部分结构在阴极保护时的电流遮蔽作用

15-9)。如果各点电位基本相同，说明电流分布均匀，分散能力好，阳极布置合适。

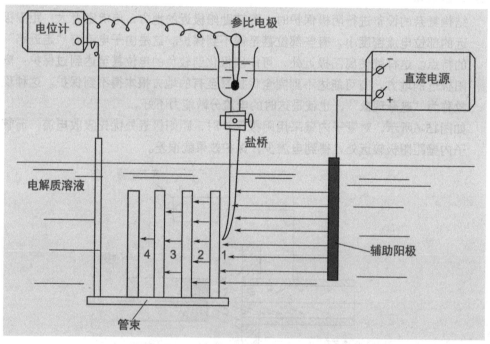

图 15-9　测定分散能力的模拟装置示意

在测定极化条件下各部分的电位时，特别要注意将带参比电极的盐桥尽量靠近所测部分，以消除溶液内阻电压降带来的电位测量误差。如图 15-9 上的盐桥所示，测出的是管束列管 1 处的电位；若要测列管 3 和 4 处的电位，要将带参比电极的盐桥移至 3 处、4 处分别测得。

● **辅助阳极布置点的确定**

模拟实际被保护设备的结构形状和所处介质条件，改变阳极布置，测定各自分散能力，以确定最佳分散能力时的阳极布置点。

辅助阳极布置原则：用最少的阳极数量和分布，使被保护设备表面获得最佳的电流分散能力。

改善分散能力的因素

❶ **适当加大阳极和阴极间的距离**，可使电流的分布更为均匀些（如图15-10、图15-11所示）。

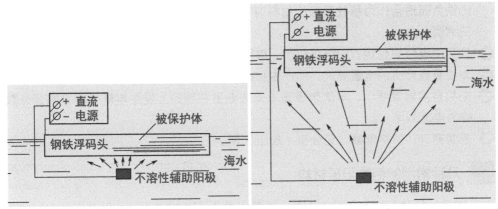

图15-10　适当增加阴阳极间距离

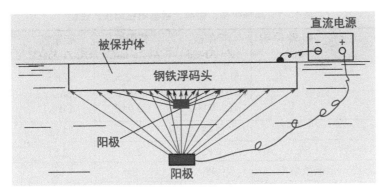

图15-11　适当增大阴极与阳极之间距离后的效果

❷ **适当增加阳极数量并合理布置**

图15-9中测管束分散能力时，仅在右侧放一个阳极，电流分布很不均匀，如果在左侧再放一个阳极，则电流的分布将明显改善。

❸ **在被保护设备上涂覆涂料**

涂料使被保护设备表面各处的阻力增大，结果使得电流的分布更为均匀，所以阴极保护和涂料联合防护，能大大改善分散能力，使较复杂些的设备也可用阴极保护来防护。

重要启示

分散能力是外加电流阴极保护成功与否的关键因素之一。

15.3 实施牺牲阳极的阴极保护中的几个问题

作为牺牲阳极材料应具备的条件

- 阳极电位要负，即它与被保护金属间的有效电位差（即驱动电位）要大。电位比铁负而适合作为牺牲阳极的材料有锌基（包括纯锌与锌合金）、铝基、镁基三大类。
- 使用中电位要稳定，阳极极化小，表面不产生高电阻的硬壳，溶解均匀。
- 单位重量产生的电量要大，即产生1A·h电量损失的阳极的重量要小。
- 阳极自溶解量要小，电流效率高（有效电量在理论上发生电量中所占的百分数称为电流效率）。
- 来源充分，价格低廉，无公害，加工方便。

几种常用的牺牲阳极材料

常用的牺牲阳极有锌基、铝基、镁基三大类（表15-3）。

表15-3　几种锌基、铝基、镁基牺牲阳极的性能

性　能 ＼ 阳极种类		锌阳极（Zn-Al-Cd）	铝阳极（Al-Zn-ln-Cd）	铝阳极（Al-Zn-Sn-Cd）	镁阳极（Mg-Al-Zn）
成分/%		Al 0.3～0.6 Cd 0.025～0.1 Fe>0.005	Zn 2.5 ln 0.02 Cd 0.01	Zn 5 Sn 0.5 Cd 0.1	Al 6 Zn 3
相对密度		7.13	2.91	3.02	1.77
理论发生电量/(A·h/g)		0.82	2.93	2.87	2.21
海水中 3mA/cm²时	电流效率/%	95	85	80	55
	开路电位（SCE）/V	−1.03	−1.2	−1.2	−1.6
	实际发生电量/(A·h/g)	0.78	2.49	2.30	1.19
	消耗率/[kg/(A·a)]	11.8	3.8	3.8	7.2
土壤中0.03 mA/cm²时	电流效率/%	≥65	65	—	≥50
	实际发生电量/(A·h/g)	0.53	1.90	—	1.11
	消耗率/[kg/(A·a)]	≤17.25			<7.92

锌和锌合金

锌中加入少量铝和镉，可以使腐蚀产物变得疏松易脱落，改善了阳极溶解性

能；另外，加Al和Cd还能使晶粒细化，也使阳极性能改善。

❶ 锌相对钢铁的驱动电压只有0.25V，驱动力小；

❷ 锌的自腐蚀小，理论发生电量小，但它用作牺牲阳极的电流效率高；

❸ 它们与钢结构撞击时不会产生火花，特别适于海船的内保护，油轮舱内的保护中，锌基阳极是唯一的牺牲阳极材料。

❹ 通常多用于海水、某些化工介质和低电阻率的土壤中。

目前锌阳极应用较广泛，但要注意：在热水中由于锌的钝化倾向，不适合作牺牲阳极，也不适用于高电阻率的土壤和淡水中。

⬤ 铝和铝合金

铝是自钝化金属，必须通过合金化促进其表面活化，使合金具有较负的电位和较高的电流效率。其特点如下。

❶ 铝的化合价为3，理论发生电量大；

❷ 来源广泛，价廉；

❸ 质轻，制造工艺简单，使用方便。

基于上述优点，只要克服其缺点，铝材是一类极有发展前途的牺牲阳极材料。其中，Al-Zn-In系列是最有前途的铝阳极系列，它的基础成分为Al-2.5Zn-0.02In，电位为$^-$1.1V（SCE），电流效率达85%。工作时虽腐蚀不够均匀，但腐蚀产物为胶状且松软，易被水冲掉。目前仍在继续研发中，例如，Al-3Zn-0.015In-0.1Si，该品种不但保持了在海水中的优良性能，在海泥中、热盐水中、淡盐水中，也显露出了较好的电化学性能，已得到广泛应用。

⬤ 镁和镁合金

镁阳极广泛用于电阻率较高的介质如土壤、淡水中，也适用热水器和饮料水设备的保护。其特点如下：

❶ 镁的化学活泼性高，电极电位很负，驱动电压大；

❷ 理论发生电量较大；

❸ 电流效率低，一般只有50%；

❹ 腐蚀产物无毒。

镁阳极溶解会产生H_2，易破坏涂层。

它与钢撞击能产生火花，有爆炸危险。如油船内部保护、敏感的易燃易爆区等特定场合，严禁使用。

▮ 牺牲阳极的安装

⬤ 水中结构保护

如热交换器、贮罐、船壳等装置的防护中，阳极可以直接安装在被保护结构本体上。如果用螺钉直接固定，必须使阳极与金属本体间有良好的绝缘。如是带芯棒的阳极，可直接焊在被保护设备上，但必须注意阳极本身与被保护设备间有一定距离，不能直接接触。不仅如此，为改善分散能力，使电位分布均匀，应在阳极周围的阴极表面上加涂绝缘涂层作为屏蔽层，其屏蔽能力大小视被保护设备结构情况而定（见图15-2）。

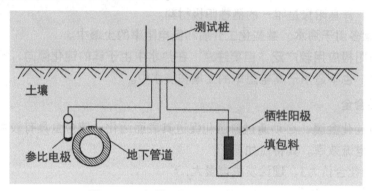

图 15-12　牺牲阳极阴极保护系统示意

● 地下管道保护

牺牲阳极不能直接埋入土壤中，而要埋在导电性较好的填包料中（图15-12）。填包料的作用是降低电阻率，增加阳极输出电流，同时起到活化表面、破坏腐蚀产物结痂的作用，减小不希望的极化效应，以维持稳定、较高的输出电流。填包料主要由石膏、膨润土、硫酸钠、粗盐等材料配合而成。

15.4　阴极保护法的应用实例

■ H. Davy 首先应用阴极保护技术

早在1824年，H. Davy 的一篇论文中叙述了用金属阳极预防海军舰艇木质船身铜包皮腐蚀的方法。同年，第一次在快速现役舰上采用了阴极保护的技术，实际上对铜包皮提供了完全保护。

不幸的是，因铜离子又是海生物的灭杀剂，由于铜的腐蚀停止，引起了铜离子溶解不足，结果海藻、贝壳等粘满船身、船底，船速大为降低。当时认为海生物的防粘着要比铜本身的防腐蚀更重要，因此，阴极保护深遭到忽视。直到20世纪30年代由于石油工业的发展，美国德克萨斯州才将阴极保护成功地用于地下管线的保护。

■ 两种阴极保护法的比较

● 外加电流阴极保护

优点：可以调节电流和电压，可用于要求大电流的情况，使用范围广。

缺点： 需用直流电源设备，需有人操作，经常要维护检修，投资及日常维持费用高；当附近有其他构件时，可能产生杂散电流腐蚀。

必须使用不溶性阳极，才能使装置耐久。

⬤ 牺牲阳极法阴极保护

优点： 不需要直流电源，适用于无电源或电源安装困难的场合；施工简单；无需人员操作维护；对附近设备没有干扰，特别适用于局部保护的场合；投资费用也不高。

缺点： 输出电流、电压不可调，相对适用小电流场合；阳极消耗大，需定期更换。

随着新的优秀的牺牲阳极的发展，牺牲阳极保护的优点将更加充分地发挥出来，人们会更愿选此法。

高流速中海水输送泵磨损腐蚀的保护

⬤ 腐蚀问题

某公司大型海水输送泵（碳钢）腐蚀非常严重：泵叶轮3个月左右就腐蚀报废；泵壳的出口分水角处，两年多时间竟腐蚀掉8cm（图15-13），导致泵因扬程不足而整体报废。对此，曾采用过金属喷涂、有机涂料涂装等措施，均无效，甚至发生过涂层大面积脱落而堵住泵出口的情况，造成紧急停车，严重影响生产的正常运行。

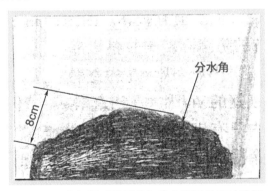

图15-13　未保护时使用半年就有明显的腐蚀缺损，

2.5～3年腐蚀严重凹陷缺损达8mm（报废）

⬤ 海水泵磨损腐蚀的原因

海水输送泵之所以腐蚀如此严重，实质上是因为流体动力学因素和腐蚀电化学因素协同，加剧腐蚀。

进一步研究指出，静态或流速较低时，腐蚀主要由去极化剂的传质过程控制；当流速较高时，两因素间协同效应强化。由于海水导电好，即使流速在很高时，腐蚀仍然是电化学因素起主导作用。在这种情况下，只要将电化学因素减弱或抑制，则协同效应将会大大削弱，腐蚀就会降低。

● **海水输送泵的防护**

根据所揭示出的原理，对泵实施了铝系牺牲阳极保护和涂料联合防护。

涂料：可以节约牺牲阳极的消耗，又可大大改善分散能力。

阴极保护：可以使涂料中的微孔、缺陷等受到保护。

两者联合获得成功，保护率达90%以上（图15-14）。

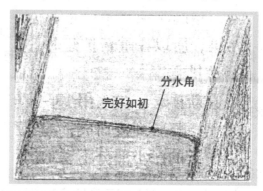

图15-14 阴极保护+涂料联合防护后，泵出口的分水角处完好如初，涂料也未见任何损伤剥落

该方法设计、施工精细、简便，运行安全，无需专人操作，经济、高效。为多年来困扰工厂磨损腐蚀难题开辟了一条防护的新路。

重要启示

● 阴极保护和涂料联合保护被公认为最经济、有效的一种防护方法。

● 在电导性好的介质中，处于高流速中设备的磨损腐蚀，仍然是电化学因素控制。此时阴极保护不失为是一种有效的防护方法。

气相阴极保护的成功

某化纤厂大气中的输油管线以及某油田大型储油罐腐蚀严重。由于土壤中干湿不均，不能造成连续的电流回路阴极保护效果不佳，这些腐蚀问题均难以得到解决。

新型的阴极保护系统见图15-15，其创新点如下：

● 在被保护表面涂上半导体涂料，建立连续的电回路；

● 在涂料上再建一层碳阳极，解决了分散能力问题，使电流的分布很均匀；

● 利用微参比电极控制、检测电位。

经实践证明，该系统效果很好，现仍在使用中。该项技术利用优势技术集成，构思巧妙，填补了我国阴极保护领域的一个空白。

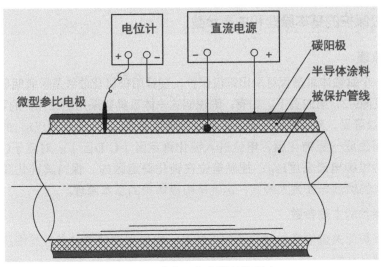

图 15-15　气相阴极保护结构示意

15.5　阳极保护法及其应用

概况

　　阳极保护实质是金属钝性的一种利用，是把被保护设备变成阳极（即把设备与外加直流电源的正极相连）而阳极极化，使之获得并维持钝态，从而使腐蚀速度大大降低，这时的设备得到了保护。

　　相对于阴极保护，阳极保护是发展较晚的一种防腐蚀技术，1954年有人提出阳极保护的可能性，1958年才在工业被正式应用。我国自1961年开始研究，1967年已成功应用在碳酸氢铵生产中的碳化塔上，效果很好，当时就在全国几十个小型化肥厂中推广应用，被保护设备的面积和复杂程度大大超过国外。

◉ 阳极保护的应用范围

　　阳极保护技术特别适用于强氧化性介质中的防腐蚀，例如硫酸（特别是浓硫酸）系统、三氧化硫蒸发设备等具有钝化条件的体系中，有可能进行阳极保护。

◉ 阳极保护的优点和缺点

❶ 阳极保护一旦成功，它就是一种既经济、保护效果又特别好的一种防腐蚀技术。

❷ 相对于阴极保护技术难度较高，要求专人严格操作控制保护参数。

❸ 阳极保护时的电位较高，它处在热力学不稳定的区域，如果一旦活化，就会以很高的溶解速度腐蚀，很快导致设备穿漏。它之所以防腐蚀效果好，完全是因为钝化表面有钝化膜，使腐蚀动力学受阻。

阳极保护的基本原理和主要参数

⬤ 基本原理

判断一个腐蚀体系是否可采用阳极保护，要看阳极极化曲线是否有明显的钝化特征（见图9-2，第52页）。如有，则说明这一体系具有采用阳极保护的可能性。

由图9-2可见，对应B点的电流称为致钝电流密度$i_{致钝}$；通过对应$i_{致钝}$的电流，金属表面生成一层钝化膜，电位进入钝化稳定区（C-D区）。对应于C-D段的电流称为维钝电流密度$i_{维钝}$；控制电位在钝化稳定区内，保持其钝化膜不消失，则金属的腐蚀速度大大降低，这就是阳极保护的基本原理。

⬤ 阳极保护的主要参数

阳极保护的关键因素是建立和保持钝态，阳极保护的主要参数是围绕这个关键因素提出来的。

❶ 致钝电流密度$i_{致钝}$

它越小越好，这样就可以选择小容量的电源设备，减小电源设备的投资和耗电量。此时被保护设备比较容易达到钝态，也减小致钝过程中设备的阳极溶解。

影响$i_{致钝}$的因素，除金属材料和腐蚀介质性质（组成、温度、浓度，pH值）外，还有致钝时间。但要注意，当电流密度小于某一极限值时，即使无限延长通电时间，也无法建立钝态。由此可见，合理选择致钝电流密度，既要考虑不使电源设备容量太大，又要考虑在建立钝化时，不使金属受到太多的电化学腐蚀。

实际上在实施阳极保护时，如果被保护设备面积很大，要求致钝电流很大（例如碳酸氢铵生产中的碳化塔），常常可用逐步钝化法来降低致钝电流。即给被保护设备先接好电源，然后将腐蚀介质缓慢注入设备，使被浸没的设备表面依次钝化，这样可大大减小致钝电流和电源设备的容量。

❷ 维钝电流密度$i_{维钝}$

$i_{维钝}$代表着阳极保护时金属的腐蚀速度，它越小越好。$i_{维钝}$小，说明腐蚀速度小，保护效果好，日常的耗电量也小。

如果介质中有杂质，也可在阳极上发生副反应，使$i_{维钝}$偏高，但此时的腐蚀速率并没有增加。因此，必须注意分析，当$i_{维钝}$较高时，可用失重法来实测维钝情况下的真正腐蚀速度。可见，有时$i_{维钝}$并不能代表真实的腐蚀情况。

❸ 钝化区电位范围

钝化区电位范围（$E_C \sim E_D$）越宽越好。钝化区电位范围宽，电位波动即使大些也不致发生进入活化区的危险，对控制电位的电气设备和参比电极的精度要求可不必太高。如果此范围小50mV，工程上就无法实现阳极保护。

特别注意

阳极极化曲线有钝化特征是能够实行阳极保护的必要条件。而$i_{维钝}$、$i_{致钝}$小，钝化区电位范围（$E_C \sim E_D$）宽则是阳极保护得以实现的充分条件。

实施阳极保护中的几个问题

辅助阴极

要求阴极在一定阴极极化条件下耐蚀，有一定的机械强度，来源广泛，价格便宜，加工容易，在某些介质中还要考虑氢脆的影响。

❶ 对浓硫酸，可用镀铂钛、黄金、钽、钼、高硅铸铁等；

❷ 对稀硫酸可用银、铝青铜、石墨等；

❸ 在保护硫酸设备，对硫酸纯度要求不高时，可用高硅铸铁或普通铸铁；

❹ 对盐类溶液可用高镍铬合金、普通碳钢；

❺ 对碱液系统可用普通碳钢。

使用碳钢作阴极材料时，注意适当选择面积，调整其阴极电流密度，在被保护设备得到阳极保护时，同时阴极也得到良好的阴极保护。但也须注意防止氢损伤。选择阴极材料前最好在模拟现场条件下进行实验。

电流分散能力和阴极的布置

与阴极保护不同，阳极保护中的分散能力包括建立钝化和维持钝化两个阶段。在维持钝化阶段。由于阳极表面已生成了一层电阻高的钝化膜，因而分散能力一般都很好，电流分布比较均匀。

在建立钝化时，由于设备表面处于活态，其表面电阻与溶液电阻的比值比维钝时的小得多，遮蔽现象严重些。因此，设计阳极保护时，应考虑阴极布置，使整个设备都能建立钝化，满足维钝时的要求。

改善分散能力的因素：

❶ 阴极分布得均匀；

❷ 阳极表面电阻高（如钝化膜、盐膜及绝缘涂料层的覆盖）；

❸ 溶液导电性强；

❹ 阴阳极间距离大。

参比电极

阳极保护过程中，参比电极要求与阴极保护的相同。

为了使用方便，制作简单，工业上已陆续采用固体金属电极。这种电极电位往往不够稳定，应在使用前进行标定，使用过程中应定期校验。

参比电极应安装在离阴极最远、电位最低的地方，只要该点电位在钝化区，整个设备也就不会落入活化区。

● **直流电源**

阳极保护一般需要低压大电流，需要输出可调的直流电源。

电源输出电压应大于建立钝化时的槽压和线路压降之和，一般10V就能满足。

输出电流理论上应大于被保护设备所需的致钝电流，但在实际使用中，致钝电流太大时可考虑逐步钝化。

特别提示

由于致钝电流和维钝电流的差别很大，而日常操作则只要供应维钝电流即可。因此，实际使用中采用：

● 大容量整流器进行致钝；
● 小容量的恒电位仪维持钝化。

阳极保护的应用

● **浓硫酸不锈钢设备防护**

某厂的浓硫酸系统不锈钢设备的阳极保护见图15-16。

其详细的阳极保护结构如图15-17所示。

● **联合保护**

在实际应用中，阳极保护也常采用联合保护。

❶ 阳极保护与涂料联合

单纯的阳极保护，其主要的问题是致钝电流大，如果被保护面积较大时，即使用大整流器致钝仍困难，且投资费高，一旦生产过程中液面波动或断电，容易引起全塔活化，再致钝又比较困难。

阳极保护和涂料联合，只需要涂料覆盖不到或涂料有缺陷的地方钝化，这就大大降低了致钝时的电流，即使生产中有活化，致钝也较容易。

注意：电源容量要留有充分的余量，因为阳极保护运行过程中涂料会老化、破损等，导致所需致钝电流和维钝电流增加。

❷ 阳极保护与缓蚀剂联合防腐蚀

加入缓蚀剂目的是降低致钝电流，例如碳酸氢铵溶液中加硫化钠，碱性低浆中加硫黄，尿素氨水混合液中加硫氰化钾等。

15.6 阳极保护与阴极保护的比较

虽然阳极保护与阴极保护都是电化学保护，但又具有各自的特点。

图 15-16　现场运行的两台（卧式的）阳极保护不锈钢硫酸冷却器

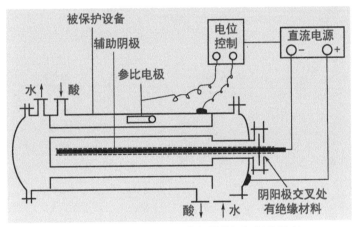

图 15-17　不锈钢浓硫酸冷却器的阳极保护示意

- 阴极保护从原理上讲，一切金属在电解质溶液中都可以进行。

  而阳极保护是有条件的，它只适用于金属在该介质中能进行阳极钝化的情况，故阳极保护要比阴极保护的应用范围窄得多。

- 阴极保护时不会产生电解腐蚀，保护电流不代表腐蚀速度。电位控制得当，还可以停止腐蚀。

  而阳极保护开始经历了大电流致钝，此时有大电流的电解腐蚀，钝化后才以维钝电流的速率腐蚀。

- 阴极保护时电位偏离只是降低保护效率，不会加速腐蚀。但要注意不要过负，否则设备可能会发生氢脆。

  而阳极保护必须严格控制电位处于稳定钝化区，否则会加速腐蚀。最好用恒电仪控制。

- 阴极保护的辅助阳极，是要溶解的，尤其是化工强介质中找到阳极极化下耐蚀材料不容易，使得阴极保护使用也受限制。

阳极保护的辅助电极是阴极，本身也受到一定程度的保护。

重要启示

◎ 在强氧化性介质中，优先考虑阳极保护。

◎ 如果可用阳极保护也可用阴极保护且保护效率基本相同时，优先考虑阴极保护。如果氢脆不能避免，则有可能用阳极保护。

◎ 在含有Cl^-的溶液中，只能用阴极保护。阴极保护对于一些特殊局部腐蚀，如孔蚀、应力腐蚀等都是一种好方法。

16 介质处理

处理介质的目的是除去介质中有害的成分，以降低介质对金属的腐蚀作用。通常有去氧、除Cl^-、调节介质的pH值、降低气体介质中的含水量等介质处理方法。

16.1 锅炉给水的除氧

溶解在水中的氧，会引起氧去极化过程，是水中引发腐蚀的有害物质之一。因此，从锅炉给水中排除氧，是防止锅炉腐蚀的一种有效措施。常用的除氧方法有热力法和化学法两类。

热力法除氧

热力法是将给水加热至沸腾（沸点）以除去水中溶解的氧。这种方法不需要加入化学药品，不会带来水汽污染的质量问题，电厂通常用此法。

热力除氧的原理：根据气体溶解定律（亨利定律），气体在水中的溶解度与该气体在液面上的分压成正比。如在敞口设备中将水温升高时，由于气水界面上的水蒸气分压增大，而其他气体分压就降低，各种气体在该水中的溶解度将下降。当水温达沸点时，气水界面上的水蒸气压力和外界压力相等，而其他气体的分压都为零，此时的水不再具有溶解气体的能力，所以将水加热至沸点可以使水中溶解的气体排出来。

热力除氧过程中，还能把CO_2除去，同时又会使水中的碳酸氢根发生分解：

$$2HCO_3^- \Longrightarrow CO_2 \uparrow + CO_3^{2-} + H_2O$$

最终会使得到的水pH增高。

热力除氧过程中，特别要注意水应加至沸点（100℃）；如只加热至99℃，则氧在水中的残留量可达0.1mg/L。热力除氧时，气体应能顺畅排走，否则气相中残留氧量多，会使出水中的氧量增大。

化学除氧

通常化学除氧是给水除氧的辅助方法，以消除热力除氧后残留在给水中的溶解氧。在电厂中，常用的除氧药品有亚硫酸钠和联氨等。

● **亚硫酸钠**

它是一种还原剂，其反应为

$$2Na_2SO_3+O_2 \rightleftharpoons 2Na_2SO_4$$

生成的Na_2SO_4会增加水中含盐量。

亚硫酸钠水溶液在高温时可分解产生有害物质：

$$4Na_2SO_3 \longrightarrow 3Na_2SO_4+Na_2S$$
$$Na_2S+2H_2O \longrightarrow 2NaOH+H_2S \uparrow$$
$$Na_2SO_3+H_2O \longrightarrow 2NaOH+SO_2 \uparrow$$

O_2、H_2S气体被蒸汽带入汽轮机后，会腐蚀汽轮机的叶片，也会腐蚀凝汽器加热器铜管和凝结水管道等，因此亚硫酸钠处理法通常只用在中压电厂，而高压电厂则不用。

● **联氨**

它也是一种还原剂，能使水中溶解氧还原：

$$N_2H_4+O_2 \longrightarrow N_2+2H_2O$$

反应生成物对热力系统没有任何害处，在高温（>200℃）水中，N_2H_4可将Fe_2O_3还原成Fe_3O_4、FeO以至Fe，反应如下：

$$6Fe_2O_3+N_2H_4 \longrightarrow 4Fe_3O_4+N_2 \uparrow +2H_2O$$
$$2Fe_3O_4+N_2H_4 \longrightarrow 6FeO+N_2 \uparrow +2H_2O$$
$$2FeO+N_2H_4 \longrightarrow 2Fe+N_2 \uparrow +2H_2O$$

联氨还能将氧化铜还原成氧化亚铜。联氨的这些性质还可以用来防止锅炉内结铁垢或铜垢。

联氨除氧的合理条件：温度200℃左右，pH值为9～11的碱性介质和适当的联氨过剩量。在电厂中通常使用的处理剂是40%的$N_2H_4 \cdot H_2O$溶液，给水中联氨量可控制在20～50μg/L。

联氨具有挥发性，有毒，易燃烧，所以在贮存、输送、化验及使用过程中要特别注意安全。

16.2　海砂除盐处理

海砂的腐蚀性

海砂含有不等量的氯盐，通常含有0.05%～0.2%的Cl^-，有时Cl^-含量高达1%。由于氯盐导电性良好，又含有腐蚀的激发剂Cl^-，不但对普通钢腐蚀严重，而且因

Cl⁻能破坏钝化膜，对不锈钢有严重的局部腐蚀。显然，未处理的海砂是不能直接使用的。

"海砂屋"引发的典型腐蚀事故

用未经处理的海砂建造的房子，建筑寿命将会从原设计的50年降到5～15年，可见用海砂造房子危害极大。例如：

- 1995年韩国"三丰大厦垮塌事件"导致五百余人死亡，原因之一就是建筑中滥用了海砂。

- 中国台湾地区在1994年统计，有30万～50万户的海砂屋。1999年"9·21"大地震中，一批"海砂屋"率先倒塌，即使没有倒塌的也因腐蚀破坏严重成了难以处置的"危房"，没人知道它们能撑多久。可见海砂屋是高危建筑物，这已经成为一个突出的社会问题。

- 在深圳，人们所知的"鹿丹事件"就是因为使用海砂带来了危害，所建的房子十多年就破损了，只能拆了重建（重建费用高达7亿元）。

- 惠安辋川大桥，由于施工时在钢筋混凝土中违规使用了海砂和含盐分的河水，钢筋严重腐蚀，桥梁、桥面板、栏杆均已破坏，无法达到使用要求。1993年完工通车，2000年就停止使用。

另外，宁波地区、泉州地区建筑中海砂的使用依然存在，这些腐蚀隐患危害极大。

海砂脱盐的方法

根据有关规定：海砂用于建筑需事先进行"除盐处理"；对于普通的混凝土，海砂Cl⁻含量应低于0.06%；对于预应力混凝土，一般不推荐使用海砂，不得不用时，海砂Cl⁻含量也应低于0.06%，并且严禁不合格的海砂进入建筑工程。

冲洗、淘洗、浸泡等传统方法

此类方法效率低，淡水消耗大。

氧化除氯（《广东化工》2016年18期）

先将原状海砂经振动筛过滤，然后用120.5mg/L的臭氧水（原状海砂：臭氧水比例为1:5）浸泡氧化4h。

此方法效率高，处理后的海砂Cl⁻可降至0.06%，符合建筑使用要求。淡水使用量较少。

渗滤法淡化海砂处理（《人民珠江》2016年11期）

用水不断稀释，将Cl⁻逐渐冲走，当被处理海砂经过滤膜时，滤膜让淡水选择性透过，Cl⁻随淡化水透过膜不断除去，提高了被截海砂和Cl⁻的分离度。

该方法效率高，处理后的海砂Cl⁻最少可达0.001%～0.003%，且节约淡水。

改革开放以来，空前规模的经济建设，使建筑用砂量大，需求急迫。合理开采利用，把海砂资源转化为经济效益，并弥补陆地资源的不足，服务于经济建设，意义重大。

滥用海砂其害无穷，阻断"海砂屋"是当务之急，也是国家可持续发展的要求，这已经不是一个单一的技术问题，而是一个社会问题。今后，要加强教育，提高认识，完善法律、法规、规范，提高管理水平，确保工程质量。

值得注意

> 事故的教训：应该使人们清醒地意识到腐蚀控制的重要性和关键作用。

16.3　降低气体介质中的水含量

当气体介质中含水分较多时，就有可能在金属表面形成冷凝水膜，使金属遭受到严重的电化学腐蚀。通常腐蚀速率随气体相对湿度增大而增加，例如，湿大气腐蚀要比干大气腐蚀严重，湿氯气、氯化氢要比干氯气、干氯化氢对金属的腐蚀严重得多。可见，降低或去除气体介质中的水含量是减缓金属腐蚀的有效措施之一。

● 干燥剂降低湿分

对于体积较小的空间，采用干燥剂吸收气体中的水分。例如，包装箱及金属制品的贮存仓库等，可以采用硅胶、活性氧化铝及生石灰等作为干燥剂，来降低空间大气的相对湿度。

● 采用冷凝的方法

对于化工生产中的大量气体，如氯碱生产中湿氯，则先用冷凝方法使氯气冷至室温（25℃），先除去大量的水分。然后再用浓硫酸作干燥剂，进一步吸收其中的水分。

● 提高气体温度

目的是降低相对湿度，使水气不致冷凝。例如一些热交换器，往往在靠换热器进口端处列管会产生严重的腐蚀，这就是因为带水汽的气体，进口时温度太低造成水汽冷凝。若把气体进口时的温度适当提高，消除水汽，再进入换热器，这就不会有水凝结，从而大大减轻腐蚀。

16.4　调节介质的pH值

工业用水中，有时会含有一些酸性物质，使其pH值偏低（pH<7），此时，可能会产生氢去极化腐蚀，而且钢材在酸性介质中也不易生成保护膜。为此，就必

须提高其pH值，以防止氢去极化腐蚀的发生和金属表面膜被破坏。

提高水的pH值方法一般是加氨或胺。

给水的加氨处理

● 化学反应

氨可以中和水中的CO_2，提高pH值，其反应为：

$$NH_3 + H_2O \Longleftrightarrow NH_4OH$$
$$NH_4OH + H_2CO_3 \longrightarrow NH_4HCO_3 + H_2O$$
$$NH_4OH + NH_4HCO_3 \longrightarrow (NH_4)_2CO_3 + H_2O$$

加氨量以使给水pH值调节到8.5～9.2为宜。

如果水中有氨，又有氧化性物质（如氧）时，要注意有可能因产生金属-氨络离子而发生腐蚀。

● 正确的加氨方法

❶ 加氨处理时，应首先保证汽水系统中的含氧量很低，加氨量不宜过多。为保持水的pH值在8.5～9.2之间，给水中含氨量通常在1.0～2.0mg/L及以下。

❷ 加氨处理时，系统中严防空气漏入或加氨量过大，否则可能加速腐蚀。

● 加氨处理的效果

采用氨来调节给水的pH值，是许多电厂常采用的措施，效果显著。

❶ 减轻了热力系统中钢和铜的腐蚀。

❷ 系统中汽水的含铁和含铜量的降低，有利于消除锅炉内部形成的水垢和水渣。

特 别 提 示

必须严格加氨处理：切记系统不能漏气，加氨不能过量。

给水的加胺处理

氨处理控制不当，有腐蚀黄铜的危险。为此，可采用胺类来提高pH值。

某些胺具有碱性，能中和水中的二氧化碳，又不会和Cu、Zn形成络离子，故适用于给水处理。

胺处理的缺点是药品价格贵，因而未得到广泛应用。

17 缓蚀剂保护

美国试验与材料协会的ASTM-G15-76中，对缓蚀剂的定义为：一种以适当的浓度和形式存在于环境（介质）时，可以防止或减缓腐蚀的化学物质或复合物质。

在腐蚀环境中，通过添加少量缓蚀剂以保护金属的方法，称为缓蚀剂保护。

17.1 缓蚀剂保护的特点

缓蚀剂保护的技术特性

缓蚀剂主要用于那些腐蚀程度属中等或较轻系统的长期保护（如水系统等），以及对某些强腐蚀介质的短期保护（如化学清洗介质）。缓蚀剂保护具有如下技术特征。

- 缓蚀剂保护方法简单，使用方便，投资少，收效快，且使整个系统内凡与介质接触的设备管道、阀门等均能受到保护。因而在石油化工、钢铁等部门广泛应用。

- 缓蚀剂保护有严格的选择性。缓蚀效率的影响因素很多，不但与介质性质、温度、流动状态、被保护材料的种类和性质都有关，而且与缓蚀剂的种类和剂量也有关。因此在某种条件下效果很好，而在别的情况下效果极差，甚至加速腐蚀。对某种介质和金属具有良好的保护，可对另一种效果却不好。

- 缓蚀剂较适用于循环系统，以减少它的流失。应用中还要注意它对产品质量有无影响，对生产过程有无堵塞、气泡等副作用，要注意成本问题。

- 缓蚀剂应对环境无污染，对生物无毒害作用，排放应符合严格的环保要求。

缓蚀剂的分子结构特征

大量的无机和有机化合物都具有成为缓蚀剂的可能性，存在复配后的协同效应。

- **无机化合物**

在无机化合物中，可使金属氧化并在金属表面形成钝化膜的物质，以及可在金属表面形成均匀致密难溶沉积膜物质，都有可能成为缓蚀剂。

❶ 形成钝化膜的物质：主要是含MO_4^-型阴离子的化合物，如K_2CrO_4、Na_2MoO_4、Na_3PO_4、$NaWO_4$等，以及$NaNO_2$、$NaNO_3$等。

❷ 产生难溶盐沉积膜物质：主要有聚合磷酸盐、硅酸盐、HCO_3^-、OH^-等，这类物质多数是和水中的钙离子、铁离子在阴极区产生难溶盐沉积膜来抑止腐蚀。

有机化合物

从简单的有机物（如乙炔、甲醛）到各种复杂的合成和天然化合物（如蛋白质、松香等），主要是那些含有未配对电子元素（如O、N、S）的化合物和各种含有极性基团的化学物质，特别是含有氨基、醛基、羧基、羟基、巯基的各种化合物，已被作为缓蚀剂应用。

工业应用对缓蚀剂的要求

- 应有较高的缓蚀效率，价格合理、来源广泛。
- 投入腐蚀介质后应立即产生缓蚀效果。
- 在腐蚀环境中应具有良好的化学稳定性，可以维持必要的使用寿命。
- 在预处理浓度下形成的保护膜，可被正常工艺条件下的低浓度缓蚀剂修复。
- 有防止全面腐蚀和局部腐蚀的效果。
- 不影响被保护的金属材料的物理、力学性能。
- 毒性低或无毒。

虽然有缓蚀作用的物质很多，但真正能用于工业生产的缓蚀剂品种是很有限的。

17.2 缓蚀剂的作用机制和分类

缓蚀剂由于使用广泛，种类繁多，而且作用机理复杂，至今缺乏统一的分类。本节主要介绍与使用过程和机理有关的两种分类方法。

按缓蚀剂作用机制划分

这种分类方法主要是看缓蚀剂抑制腐蚀的哪个反应过程（图17-1）。

阳极型缓蚀剂

主要阻滞腐蚀的阳极过程，又称阳极抑制型缓蚀剂，见图17-1(a)。

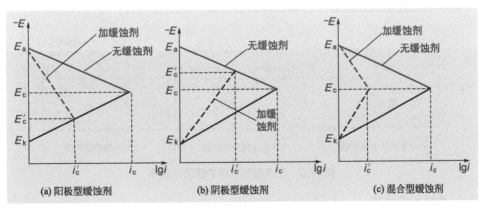

图 17-1 按作用机制划分的缓蚀剂

这类缓蚀剂有铬酸盐、亚硝酸盐、正磷酸盐、硅酸盐等,其特点为:

❶ 能增大阳极极化(由于钝化),而使腐蚀电位移向正方($E_c \rightarrow E'_c$),减缓腐蚀,使i_c降至i'_c。

❷ 用量不足时,若膜不能充分覆盖阳极表面,反而会加速腐蚀,所以这类缓蚀剂又称为"危险性缓蚀剂"。

阴极型缓蚀剂

主要阻滞腐蚀的阴极过程,又称阴极抑制型缓蚀剂,如图17-1(b)所示。

这类缓蚀剂有酸式碳酸钙、聚磷酸盐、硫酸锌等,其特点为:

❶ 能增大阴极极化,腐蚀电位负移($E_c \rightarrow E'_c$),使阴极过程变慢,如增大了氢过电位,腐蚀电流降低。

❷ 在金属表面形成化学的或电化学的沉淀膜。这类缓蚀剂用量不足时,不会加速腐蚀,故又称"安全性缓蚀剂"。

混合型缓蚀剂

阻滞腐蚀的阴极过程的同时,又阻滞其阳极过程,又称混合抑制型缓蚀剂,如图17-1(c)所示。

这类缓蚀剂有三种:

❶ 含氮的有机化合物,如胺类和有机胺的亚硝酸盐等;

❷ 含硫的有机化合物,如硫醇、硫醚、环状含硫化合物等;

❸ 含硫、氮的有机化合物,如硫脲及其衍生物。

其特点,一是对腐蚀的阴、阳极过程同时起抑制作用;二是腐蚀电位变化不大,可腐蚀电流大大减小($i_c \rightarrow i'_c$)。

按缓蚀剂所形成的保护膜的特征划分

氧化膜型缓蚀剂

能使金属表面形成致密、附着力强的氧化膜,使腐蚀减轻,见图17-2(a)。

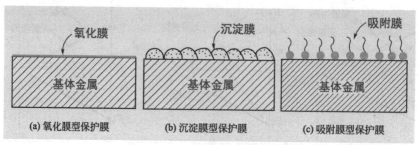

图 17-2　三类缓蚀剂保护膜的示意图

沉淀膜型缓蚀剂

能在金属表面形成沉淀膜,膜较氧化膜厚,且附着力也稍差,防腐能力也差些，见图17-2（b）。

● **吸附膜型缓蚀剂**

它通过分子上的极性基团吸附在金属表面，见图17-2（c），从而改变金属表面的电荷状态和界面性质，使金属的能量状态趋于稳定化，增加腐蚀的反应活化能。被吸附分子上的非极性部分，能在金属表面形成一层疏水保护膜，阻碍与腐蚀反应有关联的电荷和物质移动，最终导致腐蚀速率减小。

缓蚀剂在金属表面的吸附有两种类型：

❶ 物理吸附型，如胺类、硫醇、硫脲等。

❷ 化学吸附型，如吡啶衍生物、苯胺衍生物、环状亚胺等。为使表面膜的性能良好，金属必须有洁净（活性的）的表面，所以，在酸性介质中往往采用这类缓蚀剂。

● **三类保护膜的特征**

表17-1列出了三类保护膜的特征。

表17-1　三类缓蚀剂保护膜的特征

缓蚀剂类型	所 属 品 种	保护膜的特征	备 注
氧化膜型	铬酸盐、重铬酸盐、亚硝酸盐、苯甲酸盐等	薄而致密，对金属的附着性好	防腐蚀效果很好
沉淀膜型	聚磷酸盐、-巯基苯并噻唑（MBT）、苯并噻唑（BTA）、锌盐等	厚而较多孔，对金属的附着性较差	缓蚀效果较差，有可能垢层化
吸附膜型	胺类、吡啶衍生物、表面活性剂等	在不洁净的金属表面吸附不好	对酸性介质较有效

重要启示

目前缓蚀剂发展的一个重要方向是：两种或两种以上的缓蚀剂复合使用，其缓蚀效率比单一组分叠加还要大很多，称为协同效应（作用）。协同效应的发现，使缓蚀剂的应用提高到新水平，但其机理还在被人们逐渐认识中。

17.3　缓蚀剂的应用

缓蚀剂在化学清洗中的应用

为了保证热交换设备的换热功能，必须定期清除金属表面的腐蚀产物和垢。化学清洗是一种价廉、方便的清洗方法。

化学清洗中，清洗液在金属表面上进行化学反应，将难溶物变为可溶性盐而除去。在清洗的过程中，要求既能除垢，又要保护金属设备不受腐蚀，因此，在清洗液中应加缓蚀剂。例如工业上常用的是酸洗。

● 盐酸清洗剂

❶ 一般用5%～10%的盐酸（氯化氢水溶液）；常温下使用，为防酸雾，尽量避免加热。

❷ 盐酸价格便宜，酸洗操作简便，危险性小，除垢效率高。

❸ 多数金属的氯化物都易溶，反应速度快，不但可将沉积物和垢溶解，还可使附着物从金属表面脱落下来。

❹ 盐酸中含Cl^-，不能清洗不锈钢设备，否则会产生局部腐蚀。

❺ 清洗硅酸盐为主要成分的水垢时，去垢能力差。

基于盐酸清洗的优点，多数的锅炉设备都使用盐酸清洗。

● 硝酸清洗剂

❶ 工业上用于酸洗的硝酸浓度一般在5%左右，此时HNO_3稳定，主要发挥酸的作用。

❷ 主要用于清洗不锈钢、黄铜、铜、碳钢-不锈钢设备以及黄铜-碳钢焊接的组合体设备。

● 氢氟酸清洗剂

❶ 1%浓度的HF就有很好的溶解氧化铁的能力，对硅氧化物也有独特的溶解能力。

❷ 清洗时间短，废液易处理，效率高，它是一项较先进的清洗技术，在国内200MW以上的机组上已较多应用。

❸ 氢氟酸有溶解SiO_2的独特能力，常用于洗硅垢，反应如下。

$$SiO_2+6HF \longrightarrow H_2SiF_6+2H_2O$$

过去很少单独使用，在清除硅垢时，以$NH_4F \cdot HF$形式加入盐酸或硝酸中使用。

特别提示

对于酸洗中酸，应根据清洗设备的材质和垢的性质来选：

● 一般的钙、镁垢和碳钢设备应选盐酸；

● 对不锈钢设备应选硝酸；

● 如有硅垢，应在盐酸或硝酸中加点氢氟酸。

● 主要的国产酸洗缓蚀剂

见表17-2。

表17-2　主要的国产酸洗缓蚀剂一览表

名　称	主要成分	适用酸洗液	适用范围
五四若丁	邻二甲苯硫脲、食盐、糊精皂角粉	盐酸、硫酸	碳钢
若丁型工读-P	邻二甲苯硫脲、食盐、平平加	盐酸、硫酸、磷酸、氢氟酸、柠檬酸	黑色金属、黄铜
工读-3号	乌洛托品-苯胺缩合物	盐酸	
沈1-D	甲醛-苯胺缩合物	盐酸	
02	页氮、硫脲、平平加、食盐	盐酸	
1901	四甲基吡啶釜残液	盐酸、氢氟酸	锅炉酸洗
页氮+碘化钾	页氮、碘化钾	盐酸	碳钢
粗吡啶+碘化钾	粗吡啶、碘化钾	硫酸	碳钢
ΠБ-5+乌洛托品		盐酸、硫酸	碳钢
或　萘胺	或　萘胺	硫酸	碳钢
胺与杂环化合物	及　萘喹啉二苄胺、萘二胺-(1，3)二苯胺	硫酸	碳钢
1143	二丁基硫脲溶于25%含氮碱液	硫酸	碳钢
抚顺页氮	粗吡啶、邻二甲基硫脲、平平加	盐酸	钢铁、不锈钢
Lan-5	乌洛托品、苯胺、硫氰化钾	硝酸	铜、铝
SH-415	氯苯、MAA树脂	盐酸	碳钢
SH-501	十二烷基二甲基苯基氯化铵、苯基三甲基氯化铵	酸洗	碳钢
氢氟酸酸洗缓蚀剂	2-巯基苯并噻唑，OP	氢氟酸	碳钢、合金钢
仿Rodine31A	二乙基硫脲、叔辛基苯聚氧乙烯醚、烷基吡啶硫酸盐	柠檬酸	碳钢、合金钢
仿Ibit-30A	1，3-二正丁基硫脲、咪唑季铵盐	柠檬酸	碳钢、合金钢
Lan-826	有机胺类	盐酸、硫酸、硝酸、氨基磺酸、氢氟酸、羟基乙酸、磷酸、草酸、柠檬酸	碳钢、低合金钢、不锈钢、铜、铝等

表中Lan-826缓蚀剂具有下列特点：

❶ 适用于多种酸，对大多数酸其缓蚀率均可超过99%；

❷ 可抑制渗氢和Fe^{3+}的腐蚀，酸洗的金属不产生孔蚀；

❸ 可适用于不同成分的垢（如氧化铁垢、硅垢、混合垢、油垢）、不同浓度

的酸、不同酸洗温度和流速及不同酸洗时间；

❹ 适用多种材质的设备（如碳钢、不锈钢、铝、铜及其组合件）的清洗；

❺ 价格低廉。

Lan-826使用条件和缓蚀效果如表17-3所示。

表17-3　Lan-826使用条件和缓蚀效果

清　洗　剂	酸浓度/%	温度/℃	Lan-826浓度/%	缓蚀率/%
加氢柠檬酸	3	90	0.05	99.6
加氢柠檬酸-氟化氢铵	1.8 : 2.4	90	0.05	99.3
氢氟酸	2	60	0.05	99.4
盐酸	10	50	0.20	99.4
硝酸	10	25	0.25	99.9
硝酸-氢氟酸（8 : 2）	10	25	0.25	99.9
氨基磺酸	10	60	0.25	99.7
羟基乙酸	10	85	0.25	99.4
羟基乙酸-甲酸-氟化氢铵	2 : 1 : 0.25	90	0.25	99.2
EDTA	10	65	0.25	99.2
草酸	5	60	0.25	96.4
磷酸	10	85	0.25	99.9
醋酸	10	85	0.25	98.9
硫酸	10	65	0.25	99.9

由表17-3可见，Lan-826的缓蚀率因酸洗主剂不同而有些差别，除草酸以外，其余均在99.2%以上。

Lan-826是一种优良的多用酸洗缓蚀剂，它的应用结束了我国引进大型装置开车前化学清洗由外国公司承担的历史。

水处理中缓蚀剂的应用

详见14.5节工业冷却水的腐蚀控制用缓蚀剂的内容。

化肥工艺中的缓蚀剂应用

在合成氨热钾碱法脱碳系统中

K_2CO_3-$KHCO_3$-CO_2体系对碳钢设备和管道有严重的腐蚀，吸收二氧化碳后的富液，腐蚀尤其强烈。工业上常用偏钒酸钾或五氧化二钒作缓蚀剂，使腐蚀速度大为降低。

❶ 缓蚀程序：脱碳系统正常生产前要预膜（称钒化），即用含1%的五价钒的热钾脱碳液（五价钒含量以KVO_3计）在系统中运行一周左右，至生成一层均匀的保护膜。正常生产时，使五价钒保持在0.6%左右，即可收到良好的保护效果。

❷ 正常操作注意：V^{5+}缓蚀剂属于阳极型缓蚀剂，使用中要严格控制V^{5+}的浓度（≥0.3%）。如果V^{5+}量不足，会造成全塔活化，发生严重的腐蚀。早年我国开始引进30万吨/年合成氨装置时，某化肥厂由于操作不当，V^{5+}低于0.3%情况下，运行了一周之久，使整个脱碳塔严重腐蚀而停车，全厂停工一月余，造成的经济损失很大。

尿素合成系统中

尿素合成液中的氨基甲酸铵对不锈钢造成了强烈的腐蚀，但当溶液中加入少量氧时，会帮助不锈钢处于稳定的钝态，而使腐蚀速度很小，其中加的氧就是缓蚀剂。

实际应用时，将空气或氧充到尿素合成的原料二氧化碳中，当原料加入时，氧同时进入系统，帮助不锈钢钝化，使合成塔受到保护。

18 合理的防腐蚀设计

在工程中为实现某产品的生产，在设计工艺流程以及为实现工艺流程而选择设备时，都必须充分考虑腐蚀问题。否则，会形成许多难以处理的腐蚀情况，甚至使该生产技术无法实现。

18.1 工艺流程中的防腐蚀考虑

在设计工艺流程时，如果工艺流程和布置不合理，则很可能会对流程中的机器、设备造成腐蚀问题。因此，在考虑工艺过程的同时，必须充分考虑腐蚀的可能性和防护措施。

氯气生产中的腐蚀

电解生产槽阳极过程中产生的氯气被水蒸气所饱和，这种湿氯气具有强烈的腐蚀性，只有少数金属或非金属材料可耐湿氯气的腐蚀。

● 氯气的腐蚀特性

❶ 氯微溶于水，部分氯与水反应生成HCl和HClO。其中，$HClO \longrightarrow HCl+[O]$。故湿氯带有强氧化性，许多金属如碳钢、铝、铜以及不锈钢等均会被腐蚀。湿氯对碳钢的腐蚀过程如下：

水解反应

$$Cl_2+H_2O \longrightarrow HCl+HClO$$

盐酸与铁作用

$$Fe+2HCl \longrightarrow FeCl_2+H_2 \uparrow$$

氯对铁的反复作用

$$2FeCl_2+Cl_2 \longrightarrow 2FeCl_3$$
$$2FeCl_3+Fe \longrightarrow 3FeCl_2$$

❷ 只要氯中存在少量水和$FeCl_3$时，碳钢的腐蚀就会继续进行。在常温下氯中的水分与碳钢腐蚀的关系如表18-1所示。

当含水量小于150mg/L时，上述的水解反应几乎停止，此时碳钢在干氯中腐蚀速度为0.04mm/a以下，可以认为不被腐蚀。

❸ 钛在干燥的氯气中会发生强烈的化学反应而生成四氯化钛，还有着火的危险，

表18-1　氯中的水分与碳钢腐蚀的关系（常温）

氯中水分含量/%	碳钢的腐蚀速率/（mm/a）	氯中水分含量/%	碳钢的腐蚀速率/（mm/a）
0.00567	0.0107	0.08700	0.1140
0.01670	0.0457	0.14400	0.1500
0.02060	0.0510	0.33000	0.3800
0.02830	0.0610		

甚至发生腐蚀燃烧。然而钛在湿氯中非常耐蚀，这是由于为保护钛在氯中的钝性，必须要有适量的水分存在。实践中发现，氯中至少需要含有水分1.5%。

● 湿氯气的处理工艺

常见的湿氯的处理工艺过程如图18-1所示。

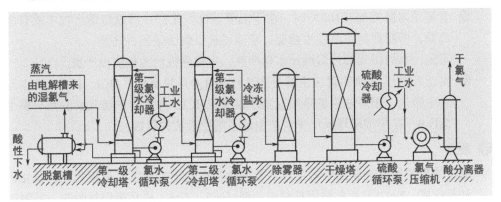

图18-1　氯气处理工艺流程示意

氯气处理工艺主要是将湿氯中的水分除去，使其成为干燥的氯气，以降低其对钢材的腐蚀性。这样，在氯气的输送和后序的氯的加工利用中，容易解决管道设备的腐蚀问题。

氯气处理工艺——氯气干燥工段：

❶ 将湿氯先冷却，分离出其中大部分的水蒸气冷凝液；

❷ 再用浓硫酸干燥脱水；

❸ 再经压缩送至氯加工产品生产车间。

■ 石油炼制常压和减压系统工艺中的防腐蚀

常压和减压系统中，常采用以电脱盐为核心的"一脱四注"工艺防腐蚀技术，包括脱盐、注碱、注氨、注缓蚀剂和注水等工艺。其流程的简图见图18-2。

● 系统的腐蚀特点

❶ 腐蚀主要部位为常压塔顶馏出系统的挥发线空冷器进口及出口，当塔顶温

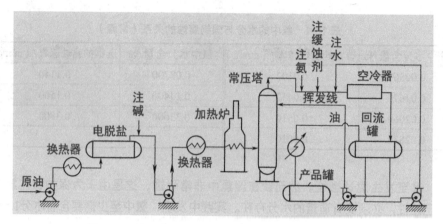

图18-2 炼厂常压系统流程简图及"一脱四注"示意

度控制在120℃左右时，空冷器进口处为油水混合液，腐蚀比较严重。

❷ 当塔顶温度控制在102℃时，由于温度较低，在空冷器进口馏出物中就有水冷凝，即在此处水汽发生相变，空冷器进口腐蚀较出口严重。

可见，水的相变部位腐蚀比水相严重，水相腐蚀比油相腐蚀严重。

❸ 常压和减压塔顶的腐蚀主要是$HCl-H_2S-H_2O$系统腐蚀，HCl、H_2S、水由原油中带来，因原油中的杂质盐类水解生成HCl，原油中的硫化物受热分解生成H_2S，在蒸馏塔塔顶出来，故引起了塔顶系统的腐蚀。

🔵 脱盐

脱盐的目的是除去原油中的盐分。原油中存在的无机盐主要是氯化钠、氯化钙和氯化镁。$NaCl$不能水解但易脱去，而$MgCl_2$、$CaCl_2$易水解但难脱去，经脱盐后，残留的$MgCl_2$和$CaCl_2$继续水解生成H^+，在塔顶部生成盐酸，仍会发生强烈腐蚀。因此，脱盐后仍要注碱。

如原油经深度脱盐，同时也会脱去其他有害杂质，则不仅减轻了一次加工装置的设备腐蚀，也减少了二次加工中腐蚀介质的含量，为长期安全运行创造了条件。

🔵 注碱

原油脱盐后注碱作用表现在三个方面：

❶ 能部分控制残留$MgCl_2$、$CaCl_2$水解，使HCl的产生量减小；

❷ 一旦水解，也能中和一部分HCl；

❸ 在碱性条件下，也能减轻高温重油中的$S-H_2S-RSH$和环烷酸的腐蚀作用。

🔵 注氨、注缓蚀剂

脱盐、注碱不能完全抑制的氯化氢，在挥发线用注氨的办法来中和，应注意要严格控制注氨量不能过量，一般以冷却水pH值维持在9~9.5为宜，否则会产生NH_4Cl，除会堵塞塔盘外，还会产生垢下腐蚀。加缓蚀剂则能减轻局部腐蚀。实践证明，缓蚀剂和氨应同时注入系统，不可偏废（如图18-3中线1、线2）。

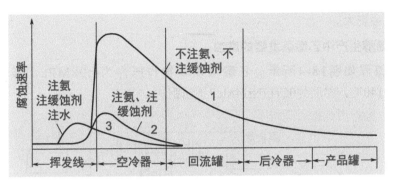

图18-3　常压塔顶馏出系统腐蚀情况示意图

注水

油水混合气体从塔顶进入挥发线时，一般温度在水的露点以上（水为气相），腐蚀极为轻微。随着温度的逐渐降低，达到露点时，水汽即开始凝结成液体水。凝结之初，少量液滴与多量HCl气体接触，液滴的HCl浓度很高，因而腐蚀极为强烈。随着凝结水量增加，氯化氢浓度也逐渐降低，此时的腐蚀性也随之减小。所以塔顶系统的腐蚀以相变部位最为严重，液相部位次之，气相部位很轻。相变部位一般在空冷器入口处，因为空冷器结构复杂，价格昂贵，其壁很薄，容易腐蚀穿透，所以人们就想将腐蚀最严重的部位移前至挥发线部分。因为该部位结构简单且壁厚，更换挥发线管道也较便宜。

在挥发线部位注入大量的水，最好是碱性水；注水后，露点部位从空冷器内转移到挥发线，从而使空冷器的腐蚀大大减轻（见图18-3中线3）。

挥发线注入大量碱性水，还可以溶解沉积的氯化铵，防止氯化铵堵塞。另外，大量的碱性水，一方面可中和HCl，一方面又冲稀了相变区冷凝液中的HCl浓度，还可以减小介质的腐蚀性。

特别注意

- 当不注氨也不注缓蚀剂时（曲线1），空冷器入口处腐蚀严重。
- 当挥发线注氨和注缓蚀剂后（曲线2），腐蚀速率大为降低，但腐蚀速率仍以空冷器入口处最大。
- 如果在挥发线处再注水（曲线3），则不仅腐蚀速率大为降低，而且将腐蚀最严重的地方由空冷器转移到器壁较厚、价格便宜且容易更换的挥发线。

改进工艺流程防止腐蚀

有时，设备的腐蚀问题难以从选材、设备设计上去解决，如在不影响产品质量的前提下调整工艺，往往可以得到事半功倍的效果。尽管调整工艺也会对生产带来些不便，甚至可能有些不利的影响，但如果设备腐蚀问题得不到解决，对生产的影响会更大。

● 聚乙烯醇生产中乙酸蒸发器的腐蚀

生产流程如图18-4所示。乙酸蒸发器操作压力为0.08MPa，操作温度为135~140℃，材质为0Cr17Ni14Mo3不锈钢。

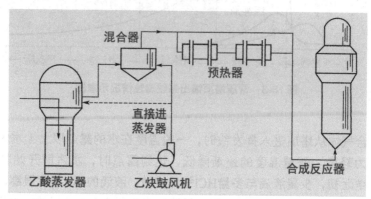

图18-4　聚乙烯醇生产流程的改进（减轻乙酸蒸发器的腐蚀）

乙酸蒸气进入混合器与乙炔混合，再进入合成反应器。由于乙酸温度高及压力和冲刷等因素联合作用，0Cr17Ni14Mo3不锈钢也只能用几个月就腐蚀破坏。

● 解决方案——工艺改革

将乙炔气直接通入蒸发器，使乙炔的蒸发温度下降到80~85℃，蒸发器的腐蚀大大减轻。

通常，温度升高会使金属腐蚀速度增大，有时温度只升高几摄氏度，都可使金属腐蚀速度增大好几倍，原来的耐蚀材料却变为不耐蚀材料。因此，选材时要特别注意对材料服役的环境温度的限制。

上述解决方案，修改了工艺路线，将乙炔直接通入蒸发器，使蒸发器内乙酸的蒸气分压减小，乙酸的蒸发温度也就降低。这样，既解决了腐蚀问题，又不影响生产。这是通过改造工艺路线成功解决设备腐蚀问题的一个典型事例。

可见，生产工艺与设备腐蚀有着密切的关系。因此，在为了生产必须改变工艺时，一定要分析改变工艺对设备防腐蚀是否会有不利的影响，否则会造成意想不到的腐蚀。

18.2　设备结构设计中防腐蚀的考虑

防止不利的连接和接触方式

● 不同金属在腐蚀介质中连接时，应注意避免产生电偶腐蚀

通常，应尽量选用电偶序中电位相近的材料（电位差<50mV），这样不致引起

太严重的电偶腐蚀。

当必须选用不同金属材料直接接触时，要用绝缘材料将两者完全隔离开，见图18-5(d)。二者之间采用绝缘垫片隔开，同时螺钉螺母也要用绝缘套管和绝缘垫片与主体金属隔开，以防电偶腐蚀。

如果二者间不绝缘，会产生不同的腐蚀。图18-5（b）、（c）中，一种为铝板用钢铆钉连接，铝板为阳极，因此钢铆钉头处，铝板产生了局部腐蚀；一种为钢板和铝板用铜铆钉，钢板和铝板均为阳极，所以铜铆钉头处的钢板和铝板均产生腐蚀。

在电偶腐蚀中，特别要避免小阳极-大阴极的危险结构。图18-5(a)中，钢板用铝铆钉连接，形成了这种危险结构，铝铆钉发生严重腐蚀失效，使紧固件散架。

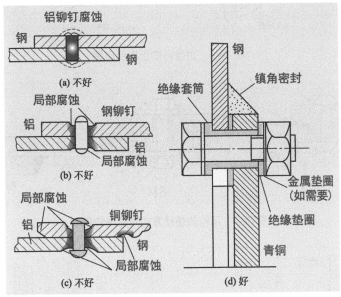

图 18-5　在不同类型金属面之间进行有效隔离，以防止电偶腐蚀

当用涂料使异种金属连接件与腐蚀介质隔开时，应特别注意涂料应涂在电偶对的较贵金属部分，如图18-6中（b）。

如果涂料涂在电偶对中较贱金属（碳钢）部分，如图18-6中（c）所示，由于涂层大面积施工不可能没有缺陷（如针眼、气孔），缺涂层部分露出的基体与不锈钢形成小阳极-大阴极的危险结构，因而引起了保护涂层下的严重孔蚀，使设备碳钢部分穿孔泄漏。

● **不同的连接方式应注意防止缝隙腐蚀**

尽可能不用铆接和螺栓连接结构，而采用焊接结构，如图18-7所示。

焊接时，应尽可能采用对焊、连续焊，不采用搭焊、间断焊，以避免形成缝隙腐蚀；也可将缝隙封闭起来，如敛焊、锡焊涂层等，如图18-8所示。

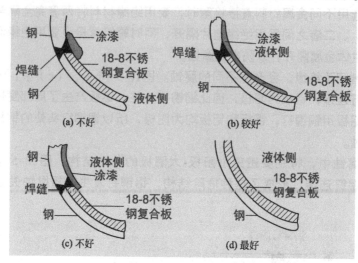

图 18-6　用涂料防止电偶腐蚀

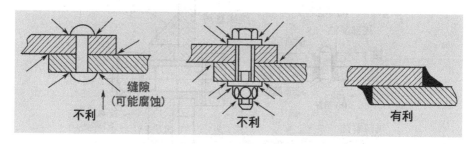

图 18-7　不同的连接方式对腐蚀的影响

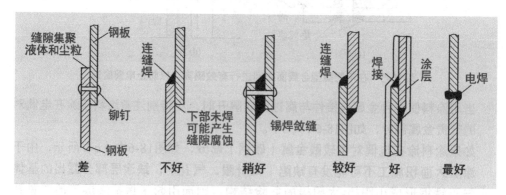

图 18-8　结构连接时的方式

❶ 列管式热交换器管子与管板的连接部分，往往容易产生缝隙腐蚀。如图18-9（a）所示，胀管法使管和板连接，其间缝隙很小但液体仍能渗入；焊接法连接部分间隙比胀管法大，易产生缝隙腐蚀，见图18-9(b)。如将管板间的缝隙扩大些，可减轻缝隙腐蚀，见图18-9（c）；而封底焊法的连接，消

除了管板间的缝隙，是最好的一种防腐蚀结构，见图18-9（d）。

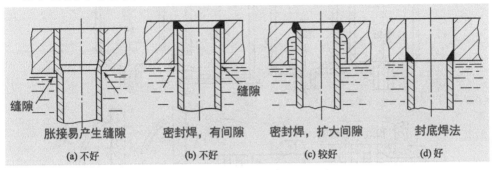

缝隙　　　　　　　　　　　　缝隙

胀接易产生缝隙　　密封焊，有间隙　　密封焊，扩大间隙　　封底焊法

(a) 不好　　　　　　(b) 不好　　　　　(c) 较好　　　　　(d) 好

图18-9　管子和管板的连接方式

❷ 容器底部与多孔性基础直接接触，易产生缝隙腐蚀，损坏容器底部［图18-10（a）］。为此，可采用图18-10（c）的形式。

把容器放在型钢支架上。为防止流下的液体腐蚀容器底部，在容器外部还可焊上一个裙边。

另外，把容器放在沥青层上［图18-10（b）］，也能显著减轻缝隙腐蚀。

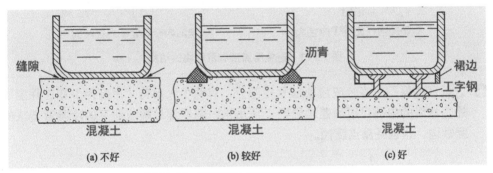

缝隙　　　　　　　　　　沥青　　　　　　　裙边

　　　　　　　　　　　　　　　　　　　　工字钢

混凝土　　　　　　混凝土　　　　　　　混凝土

(a) 不好　　　　　(b) 较好　　　　　　(c) 好

图18-10　容器与支座和基础接触的形式

应消除滞流液、沉积物引起的腐蚀

在设备中，局部液体残留或固体物质沉降后堆积，不仅会在设备操作时局部增浓或富集，引起腐蚀，而且在停车时，设备内残留的液体会引起浓差腐蚀、沉积物腐蚀。因此，在设计时应避免死角、排液不畅的间隙以及排液不尽的死区，如图18-11所示。

避免冷凝液引起的腐蚀（露点腐蚀）

◉ 钢制烟囱的各节圆筒之间用增厚圆环连在一起，为了增加强度，其外再焊一圈加强筋。这一加强筋没有绝热，实际上起了散热作用，此区域温度常低于热烟气的露点，析出了冷凝液，导致严重的腐蚀，如图18-12（a）所示。

解决方案：圆筒外加绝热层，避免析出冷凝液，如图18-12（b）所示。

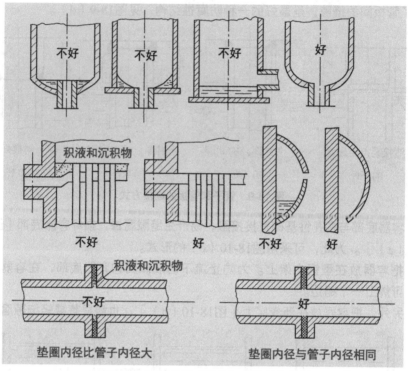

图 18-11 避免滞流液和沉积物的结构

● 大型合成氨厂尿素合成塔顶部气相部分，有两个大吊钩（吊装用）露在保温层外。从塔的内部可以清楚地看到，从吊钩内部发源且顺流而下的冷凝液造成的腐蚀沟，这也是露点腐蚀。

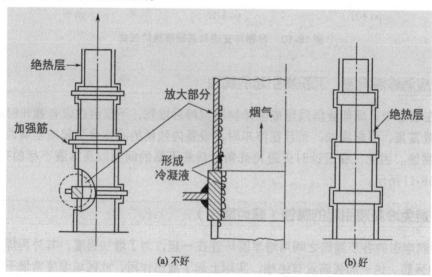

图 18-12 壳体外部加强筋引起的露点腐蚀

● 热管道的支承结构设计不合理也会发生冷凝液的腐蚀（见图18-13），可见温度和热量对腐蚀有很大的影响。

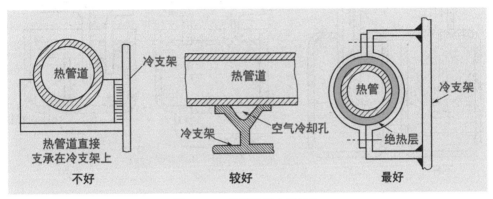

图 18-13　热管道的支承结构

避免环境差异引起腐蚀

环境差异通常指的是温度差、浓度差和通气差等。

● 由于设备加热位置不合适，造成局部区域过热，温差造成腐蚀（见图18-14）。

● 加料口位置不合适，造成局部区域浓度不均，局部腐蚀加速（见图18-15）。

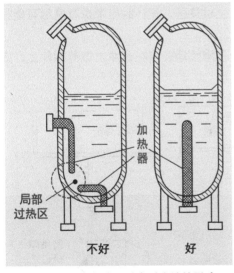

图 18-14　局部液温过高对腐蚀的影响

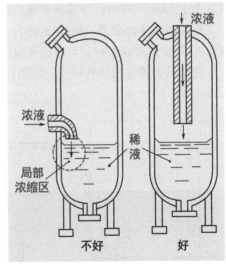

图 18-15　局部溶液浓度过高对腐蚀的影响

● 液体流入罐中产生飞溅，会使器壁上积聚凝液，溶液浓缩，会形成盐垢，有产生局部腐蚀的危险（图18-16）。

● 如图18-17所示，为减轻通气差引起的腐蚀，可在容器中加挡板，并将加料管插入液体中，避免液体搅动、喷溅，以减少空气夹带，从而降低腐蚀。

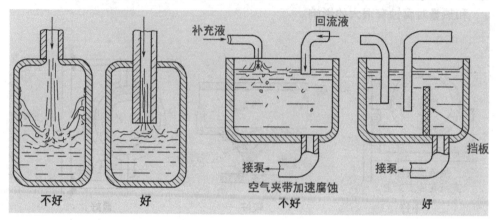

图18-16 飞溅对腐蚀的影响　　　　　图18-17 避免通气差的设计

降低、避免应力，减少应力破裂的倾向

● 为了降低应力集中，减小应力腐蚀倾向，零件在改变形状或尺寸时，不要有尖角，而应有足够的圆弧过渡，见图18-18左。

● 焊接设备时，尽可能减少聚集的、交叉的和闭合的焊缝，以减少残余应力，见图18-18右上。

● 材料厚度不同时，焊接会使薄的材料产生过热区，设计时应考虑厚度尽可能相近，以减少热应力，见图18-18右下。

● 在安装连接设备时，不要把受腐蚀的设备刚性地连接在遭冲击载荷构件上，应使用具有弹性的结构相连，如图18-19所示。

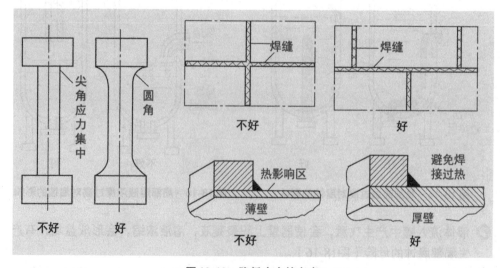

图18-18 降低应力的考虑

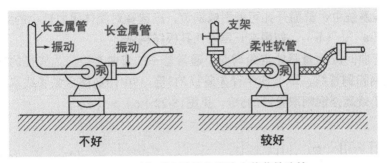

图18-19 避免受腐蚀设备遭冲击载荷的连接

避免介质流动引起的腐蚀

⬤ 几何形状的急剧变化，会引起湍流、涡流（图18-20），导致磨损腐蚀，应力求避免。

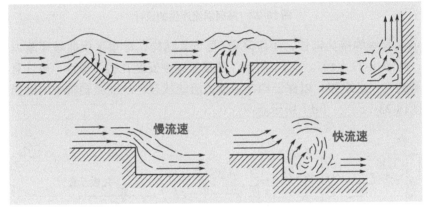

图18-20 几何形状的急剧变化引起涡流的示意

⬤ 为防止高速流体直接冲击设备造成磨损腐蚀，可在需要的地方安装可拆的挡板或折流板，以减轻液流对设备的直接冲击，如图18-21所示。

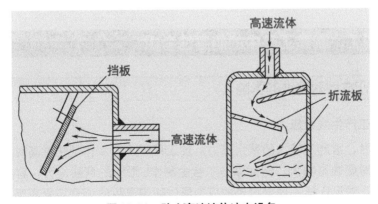

图18-21 防止高速流体冲击设备

● 在管线系统中，截面开孔可能形成涡流，应选择对流体阻力较小的结构，见图18-22（a）、（b），如用文丘里管比孔板结构好。

● 管线弯曲时应尽量避免直角弯曲，通常管子的弯曲半径应为管径的3倍左右。对软钢和铜管线，取弯曲半径为管径的3倍，90/10铜镍合金管线取4倍，强度特别小或高强钢则取管径的5倍，见图18-22（c）～（e）。

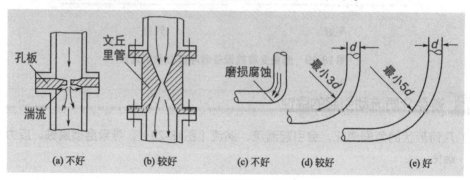

图18-22　减轻涡流产生的设计

● 高流速管线的接头部位，不应采用T形分叉结构，尽量采用曲线逐渐过渡的结构，如图18-23（a）、（b）所示。若在管线中安装孔板流量计，应注意与管线转弯处有一定距离，以保证均匀平稳的流动状态，从而减轻管中的磨损腐蚀，如图18-23（c）、（d）所示。

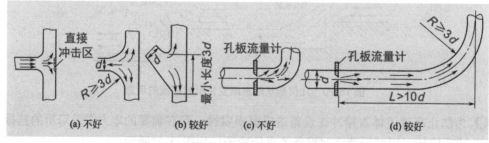

图18-23　合理的管路设计以保证合适的流动形态

18.3　加工、制造工艺中的防腐蚀考虑

冷热作成型对腐蚀的影响

● **冷作加工产生残余应力**

冷加工时，常产生较大的残余应力。加工程度大，冷作硬化性高时，残余应力更高，对腐蚀影响大。例如蒙乃尔合金制作U形管的弯曲部分，容易产生细微裂纹等。对奥氏体不锈钢设备的应力腐蚀破裂事故的调查结果表明，由冷加工残余应力造成的事故占首位。

可见冷加工造成设备的应力腐蚀破裂的倾向不容忽视。所采取的对策有：

❶ 用热加工成型代替冷加工成型；

❷ 进行热处理消除应力；

❸ 低温应力松弛及喷丸强化等处理。

⬤ 热加工残余应力

热加工虽然引起的残余应力小，但加热不均匀、不适当的冷却操作及升温受约束均可产生残余应力。不锈钢在敏化温度范围内加热还可能产生晶间腐蚀倾向。碳钢的热加工还有可能引起脱碳。

因此设计时应注意：

❶ 选择正确的热加工工艺；

❷ 对不锈钢应选择适当的加热温度和时间，避免在敏化区进行处理。

■ 焊接对腐蚀的影响

在焊接过程中，常会产生表面缺陷、组织变化及残余应力，对材料的耐蚀性能均有影响。

⬤ 焊接缺陷的影响

对耐蚀性能影响较大的焊接表面缺陷有：焊瘤、咬边、喷溅和根部未焊透等（图18-24）。

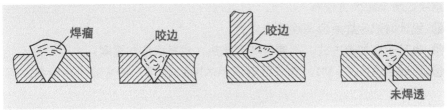

图18-24　焊接表面缺陷

❶ 焊瘤：是熔敷金属堆到未熔化的母材边界上所形成的焊接缺陷，它与母材间会形成缝隙，也能形成应力集中。

❷ 咬边：是指焊缝边界区的母材上因焊接时电弧的作用挖成的槽，咬边也是形成应力集中的根源，它的凹陷也会形成缝隙导致缝隙腐蚀。

❸ 喷溅，是熔融金属的小粒子飞散后附着在母材表面形成的焊接缺陷，它和母材间也会形成缝隙而引起沉积物腐蚀。

❹ 根部未焊透，造成缝隙和孔洞，也能导致缝隙腐蚀。

因此，设计时应规定合理的焊接工艺，焊后应对焊缝进行仔细打磨，除去喷溅物，可改善焊缝的抗应力腐蚀和缝隙腐蚀能力。

⬤ 焊接热影响区组织变化的影响

❶ 在焊接过程中，靠近焊缝处的基体很快被加热到高温，而后又逐渐冷却下

来，与焊缝的距离不等的基体金属上各部位的加热温度、冷却速度不同，因而各部位的组织也就不同。靠焊缝处近的，在高温下停留时间长，晶粒变粗大，且组织也不均匀，力学性能、耐蚀性能都较差。

❷ 热影响区的大小与金属性能的关系密切。焊接产生的内应力大，则易出现裂纹，反之，热影响区大，则热应力小。所以，在焊接时产生的内应力不足以形成裂纹的条件下，使热影响区越小越好。

⦿ **焊接对不锈钢耐蚀性能的影响**

❶ 对奥氏体不锈钢，在焊缝附近热影响区会产生晶间腐蚀，紧靠焊缝处有时会产生刀线腐蚀；

❷ 对铁素体不锈钢，其敏化温度在925℃以上，故在临近熔合线处可产生刀状腐蚀。

⦿ **焊接残余应力对应力腐蚀的影响**

焊接时，局部加热及焊缝金属的收缩而引起的内应力称焊接残余应力，其数值通常是很高的。例如，某厂烧碱车间生产的碱液（30% NaOH），经泵加压用管道输送到各厂使用，在冬季为防止管内物料结晶堵塞，采用了蒸汽伴热保温。使用一段时间后，发现管道泄漏。这是碳钢管道在碱溶液中发生的应力腐蚀破裂——碱脆的典型实例，由于管道焊缝存在残余应力，30% NaOH碱中温度又不测、不控，造成破裂发生。

解决此类问题的方法有：

❶ 设计时规定焊后应消除残余应力；

❷ 也可改变加热方式，不使用蒸汽伴热，或严格控制温度；

❸ 原碱中含NaCl 5%，如降低溶液中的NaCl含量，使溶液不易结晶，可不需伴热。

特别注意

⦿ 焊接是广泛使用的制造技术，而它常会造成多种潜在的腐蚀隐患，所以设计时应给予高度重视。

⦿ 焊接需要选择适当的方法和焊接材料，并按规程认真操作，防止焊接缺陷，焊后进行处理，消除对材料耐蚀性的有害影响。

表面处理对腐蚀的影响

通常钢（尤其是不锈钢）的表面质量越好，越光洁，耐蚀性就越好。但设备和零件在制造过程中，表面往往有熔渣、污物、氧化皮、擦伤和划痕等。这些部位都可成为浓差电池，成为局部腐蚀的诱发中心。

对于不锈钢，除在加工制造过程中防止表面损伤和沾污外，还应特别要注意：

- 避免铁颗粒的污染。加工时，切记不能使用钢丝刷和碳钢夹具等，否则会造成铁颗粒污染而构成恶劣的局部腐蚀条件。
- 防止环境中有活性氯离子存在，因它会破坏不锈钢表面耐蚀的保护膜，引发孔蚀、缝隙腐蚀等局部腐蚀。

18.4　安装、运行及维护中防腐蚀的考虑

保证安装质量

设备安装时，应按要求严格施工，否则将会增加设备的腐蚀隐患。

- 对不锈钢设备，表面不得划伤。必须保持洁净，才能保持"不锈"。
- 安装时的紧固应力要适中。过大时，在某些环境介质中有可能发生应力腐蚀破裂。
- 配管结构上要避免应力集中，否则也会发生应力腐蚀破裂。
- 保温材料也要小心，不锈钢设备需用含氯化物少的保温材料，施工中不能随意更换。同时要防止雨水等侵入保温材料，否则因氯离子浓缩，将会在不锈钢设备的外表面发生应力腐蚀破裂。
- 动设备（如泵）的安装更要严格，必须对准中心与基座，不能有丝毫偏离，否则运转起来发生振颤，加剧腐蚀。

防止水压试验留下的腐蚀隐患

- 对普通碳钢和低合金钢设备
  1. 通常采用公用系统的水进行试验。
  2. 也可用海水，但试压完排放后应用新鲜自来水冲洗。
  3. 为防止试压用水对设备的腐蚀，水压试验后，应尽快将水彻底排除干净，然后吹干，在干燥的条件下封存；也可进行钝化防锈处理。

- 对于不锈钢设备
  1. 应该采用含氯离子最低的水进行水压试验，最好用锅炉给水或工业蒸馏水。
  2. 用Cl^-含量<200ppm水进行水压试验，试后要用无Cl^-的水冲洗。
  3. 用Cl^-含量<1ppm的水进行水压试验。

上述要求必须严格遵守，因为水中Cl^-在设备的水排放后，会在缝隙中浓缩，最终导致腐蚀破裂。国内某厂曾用普通的自来水对不锈钢设备进行水压试验（含Cl^- 26ppm左右），结果几个月后，安装前因发生了应力腐蚀破裂而报废。

特别注意

对不锈钢设备进行水压试验，水中Cl⁻含量<1ppm才是安全的。

开车、停车时的腐蚀考虑

生产系统中的防腐蚀方案是按正常运行时的条件设计的，而开车、停车时，由于条件不同，操作不稳定，因此必须另外制订有关开车、停车的防腐蚀方案，配合生产工艺的开车、停车。

开车时防腐蚀考虑：配合生产应有防腐蚀的开车方案

先做好防腐蚀，再迎接生产的开车，然后再在正常后进行防腐蚀的参数调整。例如，系统中有阳极保护，为致钝容易，在生产之前就先进行阳极保护操作，后再让生产全部开通。

又如循环水中用缓蚀剂防腐蚀，应该在生产气体未通入前，先进行缓蚀剂预膜处理。待防腐蚀条件稳定后，再通入生产气体进行冷却。最后再对缓蚀剂用量进行调整。

在开车前对设备彻底清洗、系统除氧，对防腐蚀也是有效的。

停车时的防腐蚀考虑：停车也应有停车时的防腐蚀方案

停车时，首先应将排尽物料的设备排放干净，其次对具体设备进行针对性处理：

❶ 锅炉停车时可采用充氮封闭，或注满加缓蚀剂的水防腐蚀处理。

❷ 盛浓硫酸塔器排空后，应用水冲洗干净才能放置，否则浓硫酸会强烈吸水成为稀硫酸，使腐蚀加剧。如短期停车，也可以充满浓硫酸封存。

运行、维持管理时的防腐蚀考虑

化工工艺条件对设备的腐蚀有巨大影响，因此要严格工艺操作。工艺操作条件发生变化时，还必须认真注意对设备腐蚀造成的影响，并考虑如何减少这些影响。防止腐蚀的工艺操作通常有：

- 电化学技术的控制参数的保持与调节。
- 缓蚀剂保护中，缓蚀剂的注入与控制。
- 介质pH控制，要控制酸性物质产生量及其对设备的腐蚀。
- 控制温度，温度超高往往会造成激烈腐蚀；如果温度过低，注意防止局部出现冷凝液，发生露点腐蚀。
- 控制流速，流速过高会造成湍流腐蚀，尤其对动设备要特别重视。
- 原料成分的控制，当原料发生变化时，不仅对生产工艺有影响，对设备腐蚀的影响也不容忽视。要监测原料中与设备腐蚀有关的成分含量，及时调整有关的腐蚀控制的指标。

特别注意

　　必须把生产工艺与防腐蚀工艺结合起来一并操作。决不能只顾生产工艺操作而不管防腐蚀工艺的操作，这很危险！

设备检修工作中的防腐蚀考虑

◯ 停车检修时，先普查一下，检查是否有孔蚀及应力腐蚀破裂等局部腐蚀，对重点部位要测一下壁厚。

◯ 对不锈钢设备检查时，进入设备不能用铁梯子，要用木梯子，也不得穿脏鞋子。对损坏部位可以拍照，但不得用粉笔做标记（一般粉笔含有Cl^-）。

◯ 对已受到腐蚀损坏而报废的设备，要进行腐蚀原因的分析研究。必要时甚至要进行解体，以便采取对策，而不能轻易丢弃。

◯ 对大设备的局部腐蚀损坏，可进行补焊；但对应力腐蚀破裂的裂缝，切勿简单地沿缝补焊，这样往往是越补越裂。实践中比较有效的补焊裂纹程序如下：

❶ 清扫壁面，露出有裂纹的金属部位。

❷ 为了清楚地显示裂纹，最好进行染色检查。

❸ 使裂缝位于中间，在周围完好的金属上画出一块单边长不能小于15cm的矩形。

❹ 用焊把沿着矩形边界加热，看有没有显示出隐藏的裂纹。

❺ 染色校核受热区，如没有再发现新裂纹，就可把标注的地方切开进行补焊。

❻ 如果在加热区发现新的裂纹，就再按如上操作做下去，直至补焊完毕。

◯ 各项检修应做好各项记录，以积累资料。

设备清洗：是停车检修的一项重要项目

　　设备清洗得干净，对设备恢复功能和减缓腐蚀都有利。清洗的方法有机械清洗和化学清洗两类，应根据设备不同情况而选择使用。

◯ **机械清洗**

　　方法之一为高压水清洗，高压水的压力为$180\sim300kgf/cm^2$（$1kgf/cm^2=98.0665Pa$）或$500\sim800kgf/cm^2$，通常用于水冷换热器，以清洗软垢。

◯ **化学清洗**

　　主要是酸洗，根据材质和垢的类型，选择不同的酸和缓蚀剂。通常是用盐酸+缓蚀剂清洗；不锈钢设备要用硝酸；而有硅垢时，需在盐酸或硝酸中加点氢氟酸，才能显示较好的效果。

18.5　设备腐蚀控制的科学管理

　　设备腐蚀控制工作的好坏是关系到设备的使用寿命、生产安全运行的大问题。

● 设备应建立腐蚀控制的档案，其中应包括材质、使用条件、防腐蚀方法及实施时间、每次检修的情况等，必须详细记录。

● 生产操作人员也要按腐蚀控制项目（尤其是有防护方法的设备）的参数要求进行操作，并作记录。

● 腐蚀控制工作应与工艺操作结合，共同制订防腐蚀开车方案和程序、防腐蚀停车方案和程序，并认真执行。

● 随着计算机的发展，应逐步建立腐蚀及其控制的数据库，便于监测腐蚀情况，即时分析研究。

● 腐蚀控制工作不是可有可无，要有专人负责，真抓实干。

重要启示

　　设备腐蚀影响因素很多，是个复杂的问题，是保证生产长期安全运行的大问题。腐蚀及其控制，也决不仅是防腐蚀车间、防腐蚀专业人员的事，需要设计、加工、贮运、安装、运行、检修及管理等各个部门共同努力才能奏效。因此，必须高度重视防腐蚀工作，大力普及基础知识，正确认识腐蚀问题，并在干中练就防腐蚀本领，才能为生产安全长期运行保驾护航。

主要参考文献

[1] 曹楚南. 腐蚀电化学原理. 第2版. 北京：化学工业出版社，2004.

[2] 曹楚南主编. 中国材料的自然环境腐蚀. 北京：化学工业出版社，2005.

[3] 冈本刚、升上胜也著. 腐食と防食（三订）. 大日本图书株式会社，1987.

[4] Н·Д. 托马晓夫著. 金属腐蚀及其保护理论. 华保定等译. 北京：机械工业出版社，1965.

[5] 魏宝明主编. 金属腐蚀理论及应用. 北京：化学工业出版社，1984.

[6] 林玉珍，杨德钧编著. 腐蚀与腐蚀控制原理. 第2版. 北京：中国石化出版社，2006.

[7] 火时中. 电化学保护. 北京：化学工业出版社，1988.

[8] 杨文治. 缓蚀剂. 北京：化学工业出版社，1889.

[9] 胡士信主编. 阴极保护工程手册. 北京：化学工业出版社，1999.

[10] 张天胜编. 缓蚀剂. 北京：化学工业出版社，2002.

[11] 腐蚀防护之友. 中国腐蚀与防护学会主办.